度小月系列

關於度小月..................

在台灣古早時期，中南部下港地區的漁民，每逢黑潮退去，漁獲量不佳收入艱困時，爲維持生計，便暫時在自家的屋簷下，賣起擔仔麵及其他簡單的小吃，設法自立救濟度過淡季。

此後，這種謀生的方式，便廣爲流傳稱之爲『度小月』。

小吃拼圖

路邊攤賺大錢 money

【搶錢篇】

白宜弘、趙濰◎合著

目錄 Contents

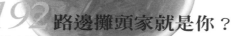

推薦序

陳鴻　美食節目主持人
廣播節目主持人
知名廣告代言人
演員

主持節目這麼些年下來，嚐遍了世界各地的美食，只有一種味道始終令我難以抗拒，那就是屬於道地的家鄉味兒—台灣小吃。

這些一代接著一代傳承下來的古早味兒，每一攤所堅持的就是一種在地精神；也是朋友們在日常生活中，不可或缺的物質精神食糧。在不景氣的當下，路邊攤這個行業變得炙手可熱，阿鴻也真心的樂見其成！這些小吃在經過長時間的洗禮之後，仍能屹立不搖，甚至在台灣這塊土地最艱苦的時候，進而發揚光大。阿鴻身為一位熱愛台灣美食的擁護者，也覺得與有榮焉。

小吃這個行業代表著台灣最草根的生命力，因為討生活，而衍生出各地方、各族群融合後，不同的道地美味。

不論是台南擔仔麵、新竹米粉、彰化肉圓、客家草粿、原住民烤山豬肉、四川紅油抄手、山東大餅、雲南涼麵…等，小吃背後各自所代表的民族性，由食物鮮明地刻畫出它們所屬的在地特色及精神。由此可見，小吃文化的傳承與延續，著實是一門我們不可忽視的課題呢！

此次，大都會文化所出版的『路邊攤賺大錢—搶錢篇』，精巧地將「台灣傳統小吃」與「路邊攤創業」及「小吃食譜」集結於一書中，讓讀者們「一書在手，受用無窮」。如此的巧心慧思，果真令我好生佩服。這也是阿鴻在看過他們的企劃案和初稿之後，欣然寫下推薦序～

～阿鴻推薦 讀者有信心～

推薦序

老鳥－葉民志　　美食節目主持人

知名廣告代言人

演員

歌手

菜鳥：「肉圓哥，聽說你除了主持節目、代言廣告、演戲、唱歌之外，現在又要為一本書寫推薦序喔？」

老鳥：「蟋蟀，你很羨慕嗎？推薦序不是什麼人都能寫的耶！具代表性、知名權威人士，才夠格幫人家寫推薦序。知道吧？！」

菜鳥：「對啦！對啦！你的身材的確是比我適合寫小吃的推薦序，我甘敗下風啦！」

老鳥：「這……」捶胸頓足狀……

沒想到吧！我葉民志演、歌、主、廣四棲藝人，現在又多了一項頭銜－好書推薦人。

我和菜鳥沈士朋為『美食任務』出了不少的外景，吃遍國內各大飯店、餐廳，最令人懷念的美食，仍然是最道地的路邊攤。有台灣人的地方就有好吃的路邊攤。從小到大，我的生活早和路邊攤結下了不解之緣，大家看我的身材就可以印證！

當大都會文化找我寫推薦序的時候，我一聽見是一本和路邊攤有關的書，二話不說一口答應。尤其是在看過書的內容之後，更是覺得在不景氣的時候，一本好書真的可以幫助許多人。希望我這短短的推薦序，能為路邊攤文化的推廣，盡一點綿薄之力。

大都會文化出版發行的『路邊攤賺大錢－搶錢篇』中，介紹了最具特色的台灣小吃。書中除了有美食吃透透之外，更教你如何創業，成為小吃攤頭家；喜歡自己DIY的朋友，也可以照著書中食譜依樣畫葫蘆，和三五好友共享美食。

一本書好處多得說不完，你看了就知道……

老鳥

推薦序

莊寶華　　中華小吃傳授中心班主任

對於一個從事傳統小吃教學已近20年的我而言，這幾年上遍了大大小小的媒體，這還是頭一遭為一本專門替路邊攤小吃量身訂做的工具書撰寫推薦序。

原本只是採訪上的接觸，但在進一步的與大都會文化的編輯熟稔之後，才發現他們製作『路邊攤賺大錢－搶錢篇』此書的認真、嚴謹和工作態度，著實令我這個小吃界的老鳥，不由得打從心理暗暗佩服。

『路邊攤賺大錢－搶錢篇』內容豐富、實用性高，是想在不景氣中踏入小吃這個行業的朋友，最佳的入門書籍。如果你還在職場上舉棋不定，而不知未來的創業方向何在？莊老師在此建議你：不妨參考大都會文化所出版發行的『度小月』系列叢書，讓你隨書按部就班地製作出美味的台灣傳統小吃。或者到莊老師的小吃補習班來實務面授，都是不錯的創業實習選擇。

希望有志於傳統小吃創業的朋友，都能順利的踏出你們的第一步，莊老師在此祝福你們！

》》》》》 莊寶華老師

從事小吃美食教學18餘年，學生遍及全台及海外，創下台灣小吃業年收入720億的經濟奇蹟～

名主持人　羅璧玲
名主播　蔣雅淇（中天）
　　　　支藝樺（民視）
　　　　洪玟琴（TVBS）
　　　　崔慈芬（華視）
　　　　陳明麗（中視）均慕名採訪

受訪於
報紙　民生報
　　　大成報
雜誌　SMART理財雜誌
　　　MONEY雜誌
　　　獨家報導雜誌
　　　行政新聞局台北評論月刊

邱寶珠　寶島美食傳授中心班主任
張次郎　寶島美食傳授中心金牌老師

以往都是記者採訪我們、寫我們，現在反過來要我幫『路邊攤賺大錢－搶錢篇』寫推薦序，一時之間還不知怎麼下筆呢！索性將大都會文化給我的稿子看完，才發覺這真的是一本值得好好大力推薦的好書。

我們從事美食教學已逾10年，接觸太多需要幫助的學生，因此深知他們在學習製作小吃上，常會遇到的一些困難及問題。大都會文化所出版的這本書，鉅細靡遺地為想要踏入此行的朋友，作了一套有系統的整理，讓小吃新手也能照書上的指引，一步一腳印的往小吃這條路邁進。

同時，喜歡自己動手DIY美食的朋友們，也能照著書上的食譜，試著做出好吃的古早味，一本書“摸蛤仔兼洗褲 ”一舉數得，真的值得推薦！

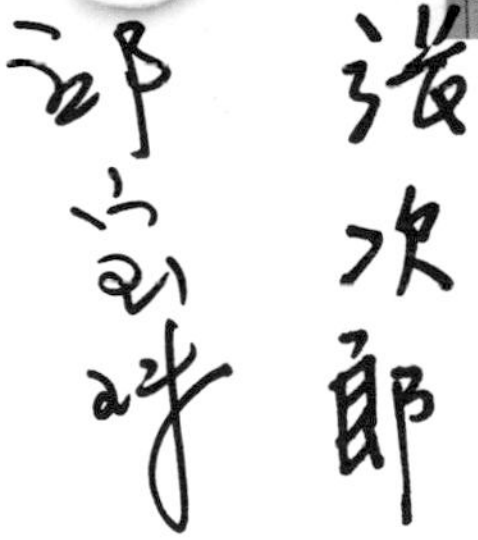

邱寶珠老師
張次郎老師

出身總舖師、糕餅世家，專研美食小吃數十餘年，學生遍及海內外、中國大陸。教授美食10餘年，有口皆碑、名聞遐邇，曾受訪於各大媒體～

電視：台視、八大電視、華衛電視
報紙：中國時報、聯合報、聯合晚報、自立晚報、台灣新生報、中央日報
雜誌：獨家報導、美華報導

編者序&自序

自個家裡賣水煎包、蔥油餅、肉羹…將近20年，從來沒有想過要將這些古早味的撇步公諸於世，而且是在自己規劃的書系中鉅細靡遺的呈現。家中的老媽、老爸一定覺得：女兒怎麼能將自己辛苦研發近20年的獨門秘方，輕而易舉地就讓別人學去了呢！這也是我們在採訪過程中，最常聽見老闆們拒絕和抱怨的頭號理由之一。

為了讓『度小月系列』叢書，能順利的產下第一個寶寶，採訪小組不辭辛勞，不畏路邊攤老闆們嚴詞悍然拒絕的窘況，愈挫愈勇。鎖定目標，一攤一攤的死皮賴臉耗下去，不達目的絕不退縮。為的就是將各攤賺錢的撇步與秘笈，用最實務、數據化的方式，讓想自己創業當頭家的朋友一目了然。輕鬆地盡享「前人種樹，後人乘涼」，花小錢、賺大錢的便利。

本書中除了介紹各攤老店各憑本事賺錢的絕招及營業狀況之外，我們更用盡了各種方法，將老闆打死也不肯透露的獨家配料秘方，首度於書中曝光，造福想破解好吃秘笈的老饕們。此外，讀者更可照著本書按圖索驥，尋找你心目中的美味小攤，我們在每篇的開始都有一欄「××紅不讓」幾個皇冠的評鑑，讀者不妨參考皇冠數，作為你品嚐美食的指南。

當然，如果你覺得書中教授的小吃創業，仍有無法專業製作的遺珠之憾，我們也細心地為您考量到了。本書最後附錄有各小吃補習班的詳細資料，若你想快速學成一技之長，亦可剪下小吃補習班的折價券，一對一的向老師學習美味的台灣小吃。這是我們真心送給你的最佳創業禮物，希望所有需要的朋友都能受用無窮。

大都會文化　主編　趙濰

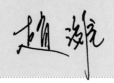

自序

從前我挑剔食物的口味，當我對於烹飪方面慢慢有了自己的心得，食材的技巧性運用反而成了我研究的重點，因為那種充滿珍貴滋味的絕佳口感，不見得只是單靠高明的烹調技術就能夠令人稱讚不已。昨日我和我的朋友在內湖的Gusto義大利餐廳，讓那裡的甜點滿足了身心的疲憊，其實當下入口的美味也許稍縱即逝，不過伴隨著飽足的感官知覺，讓精神安定的後續力量卻能夠在記憶中延續的很久很久，我想美食和微笑一樣，是不分國界與族群的共通語言。

在這次的採訪過程當中，大部分經營小吃攤的老闆對於食材的新鮮度，都秉持相當程度的堅持，儘管是小本生意，他們的敬業態度卻是無庸置疑，也難怪他們能夠通過時間和顧客的考驗，成為這一行中赫赫有名氣的佼佼者；而他們的親切與熱誠，像是中和麵線的楊伯伯和楊媽媽額外招待我的半顆西瓜，皇家香腸員工們的熱情寒暄，落落大方卻也感性非常的楊記冰品老闆，經營臭豆腐的王小姐儘管有難言之隱的困難，卻還是配合我的採訪，都令我感動萬分。還有阿傑、正儀、謝姐姐、嘉貞姑姑、松果、Sally所提供的大台北小吃情報，的確很讚喔！

希望這本書對於有意願從事小吃業的人提供一些幫助，藉由過來人的資深經驗談，讓有志從事小吃經營者，在深思熟慮之際規劃好創業計畫，以良心原則步步為營，再加上一些個人的難得創意，我相信好東西絕對不會給埋沒的。

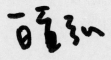

中和蚵仔麵線

愈夜愈好吃
愈晚愈美麗
大美人蕭薔一天只睡1小時
中和麵線一吃吃10年
台灣大美女最愛的麵線
中和麵線

美味紅不讓	特色紅不讓
人氣紅不讓	地點紅不讓
服務紅不讓	名氣紅不讓
便宜紅不讓	衛生紅不讓

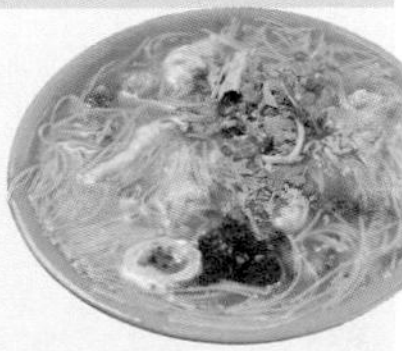

店齡：21年老味
老闆：楊文淵
年齡：約50歲
創業資本：6000元
每月營業額：約135萬左右
每月淨賺：約80萬左右
產品利潤：約6成
地址：台北縣中和市宜安路117號
營業時間：2:00PM～1:00AM
聯絡方式：（02）2944-6451

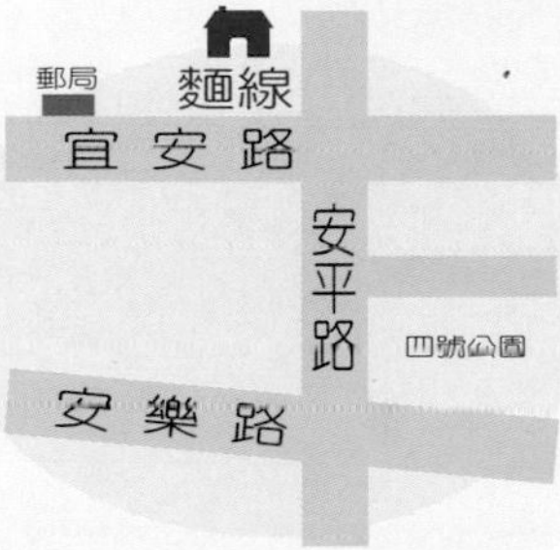

一試成主顧，愈吃愈順口.........

我雖然不敢自稱美食通，不過初次看到一家麵線攤子能夠有如『阿宗麵線』的不斷人潮，更令人咋舌的是他們竟是在一般的住宅區營業，再怎麼樣也非得去嚐嚐鮮才行！哇~果然一試成主顧，而且這家麵線攤的生意可是愈夜愈好吃、愈晚愈美麗，常常可見熬夜跑車的計程車司機們絡繹不絕的接踵而來，少說也還得吃上個2碗以上才甘願走人的盛況。

話說從前.........慘澹經營無人知，一舉成名蕭薔也愛吃

原先從事機械製造的楊老闆跟親愛的老婆在20多年前決定趁年輕北上闖一番事業，而當時除了一股年輕氣盛的好精力之外，其實對於個人創業並沒有太具體的計畫，正巧當時所借住的朋友家，懂得一點小吃經營的本事，於是他便將蚵仔麵線的技巧學了起來，買了一些簡單設備，就在自家門前做起了生意；起初兩夫妻甚至還很辛苦的到處推著攤子在中和一帶營業，希望能藉著流動人潮多帶來一些營收，不過也許是口味不對的關係，第1年的生意一直都只能算是慘澹經營，不過聰明的楊老闆懂得到處去試別人的口味不斷改進，從第2年開始，生意奇蹟似的起死回生，漸漸地就連外地的客人也時常聞香下車，經過一傳再傳的口碑推薦，在第5、6年時麵線攤的生意達到顛峰，而且就像日本美食節目播出後的盛況架驚人，還沒開始營業就已經有客人迫不及待的在等著排隊了，當時每天營業4個小時左右就可以賣出1800碗！

不過有趣的是據說有許多知名藝人或是政商界名人也都是他們的座上客，像是被人稱作台灣第一美女的蕭薔也吃了十來年之久，而李登輝政府時代，也常見隨身幕僚來大量外帶。隨後更在時報週刊的報導曝光之下，透過媒體知名度遍布全球（不誇張，就是有美國華人回台灣時都不忘來品嚐一番），自此鞏固麵線事業。

心路歷程..........良心＋新鮮＋3～5年的耕耘＝中和麵線

不迷信的楊老闆，在從事蚵仔麵線事業的21年間，曾經搬過一次家到目前的營業地點，卻從來不曾試著尋求風水之類的幫助，一直以來靠著實在的調味和材料，平均每個月都維持相當令人稱羨的營業額（我想相當於一個總裁的月薪吧）。真正要問到生意能夠一直如此興隆的原因所在，其實說難不難，就在於憑著良心做生意，不論是在材料的選擇和處理上，絕對不偷工減料或是濫竽充數，到現在他們還是維持著使用當天採買的材料，來煮麵線的大原則，儘管物價飆漲速度也令他們逐漸覺得吃力，而將麵線配料改成了肉羹、蚵仔和少少的大腸，他們卻還是能夠驕傲的拍拍胸脯保證，做的絕對是良心生意。

此外，小吃生意想要賺錢的不二法門就是要擁有絕對的耐心與毅力，若是憑空想要在短短3、5年間一夕致富絕不可能；而一年來的這波不景氣也影響到他們的生意，因此楊老闆也不得不將營業時間拉的比起以往更長，就連假日也不例外，甚至連休息的時間都省略了，雖然現在無法比起當時全盛時期客人站著吃都甘願的神奇盛況，不過「一分耕耘，一分收穫」的道理亙古不變，也難怪楊老闆的蚵仔麵線還是依舊魅力驚人，所向披靡了。

開業齊步走…………

攤位如何命名？

不知道該說楊老闆是怕麻煩或是有生意專利權的良好概念，從來沒有想過幫攤子取個讓客人好認的名字，他怕腦筋向來動得快的台灣人，勢必屆時會產生連鎖效應般的不斷copy，而這樣一來的魚目混珠，其實對他來說並沒有任何好處。

地點選擇&租金？

個性使然，他也從來沒有想過在熱鬧的夜市做生意，攤位就設置在自家門前，所以也省下了租金的支出煩惱；只是缺點在於平日能夠頻繁光顧的外地人畢竟有限，而附近的好鄰居們也不可能麵線照三餐吃，因此只好在假日人潮較多的時候卯起勁來多賣幾碗；當然還好數十年來如一日，料好實在的真口味，才能達成這樣令人嘖嘖稱奇的成功。

硬體設備？

做生意的門面攤位所需要的攤車、煮麵線的鍋具、保鮮用的冰塊、切割豬腸與分香料的機器，都是在環河南路一帶購買，根據楊老闆的經驗，以目前的物價來說，想要從事麵線小吃生意，光是在器材的準備上，克難將就的基本配備，大約需10萬元左右的資金才能順利搞定。

人手？

由於是家族事業，因此下午營業時間完全由大兒子夫妻2人來負責，到了晚上，就由小兒子和楊媽媽輪班，唯一聘請的是2

位幫忙洗碗的阿姨和包裝外帶麵線的工讀生，每天工作5小時，工資大約是2萬多元。而每日營業所需材料的採購則是由楊老闆、楊媽媽和小兒子3人視情況分工負責。

客層調查？

除了中永和一帶的居民之外，在接近入夜時分以夜班計程車司機為大多數，假日時則會增加許多慕名而來的外地客人，甚至還有那種從年輕單身時期，到現在成了爸爸身份，帶著兒子不定時過來吃吃看的老客人；而許多知名藝人也都曾經賞光，像是劉爾金、唐從聖（其實還有很多，可是老闆一時想不起來），甚至如果你有閒有空，在平日下午時段來到楊老闆的麵線攤，說不定也可以和他一樣一睹蕭美人的巨星風采喔！

人氣項目？

料多味美堅持傳統口味的中和蚵仔麵線，配料多的讓你食指大動，香脆有嚼勁的大腸，肥美多汁的新鮮蚵仔，加上QQ香香的肉羹，一碗才賣30元俗擱大碗，人氣直線上升。

店面外觀

營業狀況？

現在一碗30元的麵線算是便宜了，因為景氣不如往年好也不敢亂漲價，因此雖然每天平均可賣出1200～1500碗，但是扣掉平均每月大約40、50萬實不灌水的材料成本之後，其實每碗麵線所能獲得的利潤大約有17、18元；當然透過媒體的報導曝光，對於生意多少有點幫助，不過他們一直秉持著能撐多久就能賣多少的態度來做生意。

未來計畫？

目前已經逐漸由第二代兒子輩來接手的蚵仔麵線事業，雖然在人力上不是問題，卻得不斷在逐漸飆漲的物價指數和他們想要一貫堅持的口味品質上，取得一個折衷的平衡，雖然做生意的目的就是為賺到一筆永遠都屬於自己的有價資產，不過楊老闆還是打算時機再歹，也要持平目前的水準，他們可是絕對不打算將自家人都不敢吃的麵線給端上檯面！

老闆楊文淵先生

老闆給菜鳥的話..........

老闆十分堅持做生意所應該秉持的良心和道德，如果他自己都不敢吃的東西絕不會賣給客人，因此他所用的材料都是每天固定到市場採買，絕對不含防腐劑在裡面；同時他也認為從事小吃生意，耐心是成功的重要一環，他也看過許多例子，有些人只學了半路出家，而打上他的名號，想要一蹴可幾，結果生意都做不起來，如此一來反而得不償失。

數字會說話？

項目	數字	說說話
開業年數	21年	
開業資金	10萬元	這是以目前的物價指數來評估的喔
月租金	無	因為是自家騎樓的店面
人手數	4人	2人輪流煮舀麵線、1人洗碗、1人包裝
座位數	約30個	看到位子就要快點搶著坐，否則客人總是不停上門呢
平均每日來客數	約1000人	愈晚生意愈好
平均日營業額	約45,000元	約略推估
平均每日進貨成本	約14,000元	隨季節及物價波動
平均每日淨利	約2,7000元	約略推估
平均每月來客數	約15,000人	需視賣出碗數而定
平均每月營業額	約1,350,000元	約略推估
平均每月淨賺額	約800,000元	約略推估
營業時間	2:00PM～3:00AM	
每月營業天數	約30天	假日照常營業
公休日	農曆新年	

製作方法

準備材料：手工麵線、豬腸、蒜泥、蚵仔、香菜、太白粉、調味料

清洗豬腸後煮熟

將蚵仔洗淨

將沾裹太白粉的蚵仔下鍋煮熟

製作方法

蚵仔煮熟後撈起

在高湯中加入麵線

加入油蔥酥及調味料調味

麵線羹成品

蚵仔高湯加熱

加入肉羹

加入已煮熟的麵線羹均勻攪拌

蚵仔麵線成品

美味DIY...........

材料

1. 手工麵線10斤（約可煮出4鍋1,500碗的份量，1斤麵線約需14斤高湯）
2. 肉羹10斤
3. 蚵仔10斤
4. 大腸5斤（因單價較高，因此份量減少）
5. 香菜6斤
6. 蒜泥5～6斤
7. 筍絲10斤
8. 蝦米4兩
9. 太白粉適量
10. 柴魚片或炒香的扁魚干適量
11. 味精少許
12. 鹽少許
13. 醬油適量調色

哪裡買？多少錢？

★製作所需各種調味料及南北貨可至迪化街購買。

★其餘材料皆可至環南市場大宗採購。

項目	份量	價錢	備註
麵線	1斤	35元	純手工製造
肉羹	1斤	80元	可買現成
豬腸	1斤	90元	生豬腸，需經過沖洗切割
蚵仔	1斤	90元	不泡水的純蚵仔
香菜	1斤	65元	夏天需使用進口香菜，故單價較高
蒜頭	1斤	50元	
蝦米	1斤	100元	
油蔥酥	1包	20元	
醬油	4公斤	140元	
冰糖	1斤	20元	
老薑	1公斤	35元	
蔥段	1公斤	80元	
蕃薯粉	20公斤	420元	
胡椒粉	1公斤	200元	
香油	1瓶	180元	
魚漿	大量	250～300元	
胛心豬肉	1斤	50元	隨季節、物價波動

》》》》》》》》》》》》 製作步驟

1. 前製處理

豬腸

(1)翻至內側以醋加鹽清理腸內的肥油及穢物。

(2)用調味料（醬油、冰糖、老薑、蔥段）醃製30分鐘以去除大腸腥味，並用水將大腸洗淨。

(3)再用熱水烹煮約20分鐘，讓大腸熟透。

(4)沖冷水後以機器切割。

生蚵

(1)用鹽去除黏液後，水洗瀝乾。

(2)蕃薯粉攪拌勻。

(3)開水汆燙撈起備用。

麵線

(1)剪成約2吋長。

(2)用滾水汆燙，再過冷水使其較具Q度，但不沾黏。

肉羹

(1)至市場買魚漿，將其摔打成較有彈性。

(2)豬肉切成絲。

(3)加蕃薯粉將豬肉絲翻攪均勻。

(4)將(1)&(3)充分混合攪拌

(5)將裹上魚漿的豬肉條一條一條放入煮沸的水中，直到肉羹浮起，即可撈起放涼備用。

2. 後製處理

(1)先將蝦米爆香，加入煮肉羹、煮蚵仔的湯或其他高湯作湯底，將湯煮滾，一邊攪拌一邊加入太白粉水，成濃稠狀即可。

(2)加入麵線及少許的鹽（因為麵線本身帶有鹹味，不需加太多）。

(3)倒入醬油上色，並加入適量的味精調味。

(4)加入油蔥酥，攪拌均勻。

(5)待麵線及配料煮滾熟後，再加入肉羹、蚵仔均勻攪拌即可。

(6)食用時酌量加入黑醋、蒜泥、香菜、香油、胡椒粉等調味。

3. 獨家撇步

(1)蚵仔費時熬煮的高湯，自然的新鮮美味，有別於一般在坊間以柴魚片調味的普遍性。

(2)蚵仔不可燙過熟，否則會縮水變小。

你也可以加盟..........

以往楊老闆曾收過約10位徒弟（有幾位現在也是台北市其他地區赫赫有名的麵線攤），你可能以為現在景氣不好，應該會有不少人等著拜師學藝，但是楊老闆說並非如此，就因為景氣不佳，所以很多人連幾萬元都拿不出來。目前楊老闆並不排斥繼續收徒弟，大致上學費以6萬元起跳，不過還是因人而異；而修業時間則是根據個人能力與資質，大約一星期到10天不等，不過他還是強調做這門生意所要付出的心力並非輕鬆愉快，希望真正有興趣的人還是能先調適好心態，再進一步的登門求教才好。

美味DIY小心得

燈籠滷味

創新好味道
加熱大流行
不打燈籠也找得到的美味
燈籠滷味

美味紅不讓	♛♛♛♛♛	特色紅不讓	♛♛♛♛
人氣紅不讓	♛♛♛♛♛	地點紅不讓	♛♛♛♛♛
服務紅不讓	♛♛♛♛♛	名氣紅不讓	♛♛♛♛♛
便宜紅不讓	♛♛♛♛♛	衛生紅不讓	♛♛♛♛♛

店齡：10年老味
老闆：陳啓發先生
年齡：40多歲
創業資本：10萬元
每月營業額：約150萬元
每月淨賺額：約90萬元
產品利潤：約6成
營業地點：台北市龍泉街52號
營業時間：5:00PM～2:00AM
聯絡方式：（02）2362-3374

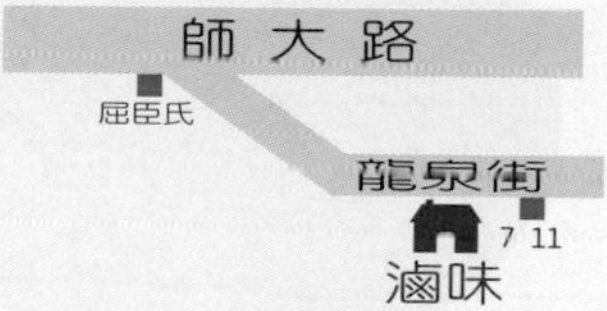

顛覆冷著吃，滷味加熱大流行..........

突破了傳統滷味的刻板觀念，加熱滷味改變了台灣人對於滷味的另一種飲食習慣，一時間蔚為風潮，並且似乎還有愈演愈烈的趨勢，現在幾乎可見大街小巷（尤其在主要的辦公商圈一帶）都有小型加熱滷味的攤子，只需憑著一只電鍋和一、二個鍋子即可作起小生意。至於加熱滷味的起源地，更是成為台大、師大商圈一帶，學生們的特殊回憶，而且藉著他們的親身口碑，才能夠讓燈籠的加熱式滷味發揚光大。

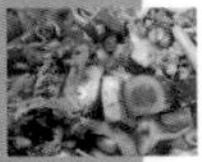

話說從前..........拜師學藝，然後研發，努力致富

說起來陳先生一家可是有年代、有歷史的小吃世家，在10年前，陳先生和陳太太原本從事紅豆車輪餅的小吃生意，不過卻得看天氣做生意，一到了夏天悶熱的季節，顧客想要光顧的意願也就開始銳減，因此生意不甚穩定；於是兩夫妻亟思轉業，從事一種一年四季不受天候影響的小吃業。正巧他們在高雄看到加熱滷味這個行業，頗有興趣的他們，在回到台北之後，就開始尋找學習的門路。而正好陳先生的父親在西門町一帶從事小吃業生意已久，人面甚廣的他，也因為認識『老天祿』的師傅而居中牽線，於是陳先生和陳太太就跟著學習滷味的製作過程，隨即回到他們向來做生意的師大路商圈一帶，開始賣起加熱滷味。

而早期的燈籠滷味其實也只是賣些台灣人習慣的簡單口味，像是海帶、豆干之類的食物，如今在燈籠滷味之中算是熱門的高麗菜，也是偶然之間，有幾位客人看到陳太太自己滷起高麗菜來吃，也就隨性的要求點一份同樣的食物，不過就在客人愈來愈風靡滷高麗菜的口味時，陳先生和陳太太當時還因為人手不足，所以通常在晚上11點以後，才有空接受顧客點高麗菜滷味。而近年來由於燈籠滷味實在太受歡迎，才在永和的樂華夜市開了一家分店，跟師大商圈的滷味總店同樣設置店面，方便顧客坐著享用。

心路歷程.........一步一腳印，每天工作18小時

當初國內市場因為政治因素，在外銷市場不景氣，而轉行從事小吃生意，在20年的時間中，陳先生和陳太太兩人逐漸白手起家到現在的生意興旺，一路走來著實甘苦自知；像是他們一開始

責起加熱滷味時，除了必須忍受十分漫長的工作時間所帶來的體力消耗，還得一步步摸索出顧客的喜好口味，再加上收攤後仍需準備隔天做生意的材料，市場採購、洗菜、切菜、滷味的功夫樣樣馬虎不得，平均每天的工作時數長達18個小時以上，其實都已經不是一般人所能負荷的體力；再加上為了多一點營收，通常他們都必須犧牲週休假日時和家人的相處時間；而且作小吃生意除了天氣變化等不可預測的風險之外，還得承受因為沒有店面的關係，必須隨時注意警察的罰單取締，再不然就是得應付房租調漲的現實壓力，因此現在的收穫真可算是一步一腳印的成果。而且附近鄰居看到他們的生意那麼好，也都想跟著沾光，儘管是開起一樣的店面，陳太太說一開始也會擔心，如此一來會分散不少客源，不過畢竟他們的顧客群都還算固定，再加上他們的價格公道，即使單價低了些，但是只要人潮不斷，又能分工合作把握做生意的賺錢時機，其實也不會有太大的影響。

開業齊步走…………

》》》》》》》》》》》 攤位如何命名？

掛上兩盞燈籠，學生哄然取之……

在當年甫營業時並沒有掛上任何招牌，陳先生只是簡便的掛上2個燈籠，除了方便照明之外，便是用來當作攤位的明顯地標，不過師大商圈一帶的學生為了方便稱呼，一開始只是隨口命名，卻沒想到『燈籠滷味』自然而然的就成為陳家滷味的招牌了。

攤位外觀

地點選擇？

早在當時警察曾經取締過師大一帶的流動攤販之時，所有的小吃攤便陸續集中在龍泉街一帶營業，為了一勞永逸，陳先生夫妻租下了原本的泡沫紅茶店做起生意，和紅茶店老板達成協議，也能讓顧客坐著享受燈籠滷味的美味。再加上師大地區的人潮頻繁而穩定，所以生意歷久不衰。

租金？

由於燈籠滷味使用到店面的關係，因此租金比起一般小吃攤來的貴，租金每個月47,000元，不過租下店面做生意的好處也不少，除了可以不必提心吊膽的閃躲警察取締，而且如此一來，顧客也比較能夠方便而安心的享受美味的滷味餐點，這也不外乎是老板對於顧客這些年來的支持，所給予將心比心的回饋。

硬體設備？

其實從事滷味生意的的硬體器材十分簡單，不過陳太太說在幾年前因為白鐵比較貴，所以他們大概花了2、3萬購買攤車，不過現在的價錢一定比較便宜；至於冷藏食物材料所用的冰箱為了配合他們生意上的需要，一個四門冰箱，上方可冷凍肉品，下面則是用來冷藏蔬菜類，大約的單價在20,000~25,000元；其他像是快速爐、烹煮材料的鍋具和小盤子等設備則視個人需要而定，在環河南路上都有販售。

人手？

陳先生夫妻一共請了6位人手（大部分是歐巴桑）來幫忙切菜、滷味和包裝的步驟，工作時間從下午6點到晚上12點，平均月薪從25,000~28,000不等；而2位小叔因為最熟悉滷製的火侯控制和過程，因此這類的事情就由他們來全權負責與控制。

客層調查？

師大一帶商圈屬於環境比較單純的文教區，因此光臨的顧客也都以學生和上班族為主，而且陳太太說這裡的學生品行單純，又很有禮貌，雖然消費額不高，做起生意來也比較輕鬆與放心。至於樂華夜市的滷味攤，三教九流的顧客難以掌握，不過人潮卻比較多。

人氣項目？

高麗菜、大腸、豬血糕、甜不辣、大豆干、白菜豆腐、金針菇、茭白筍、百葉豆腐之類的單品都是顧客時常欽點的熱門食物。不過在這裡提供的滷味應有盡有，儼然像是個小型的食物櫃，保證滿足你的胃。

營業狀況？

雖然人事成本和房租時有調漲或是增加，不過厚道的陳先生和陳太太基於感恩顧客支持的回饋心理，10年來在材料上都沒有調漲過定價，青菜類一律20元，至於其他食品都還是維持在10元的定價，除了便宜有得拼之外，我想這份心意也是他們能夠穩定客層的主因之一。而今年的景氣不好，也許是因為滷味的單價還算低廉，反而對於學生族群沒有太大的影響；若要論到生意最好的時候，不外乎是週休二日的假日時段，許多客人也會專程來到這裡購買，至於平日星期一至星期四等時間的生意，就算是馬馬虎虎還過的去啦。

未來計畫？

目前的2個燈籠滷味攤，其實已經讓陳家人十分有得忙了，當時因為陳先生在樂華夜市的同學成立了冰果室，才利用空出來的攤位成立了第2家燈籠滷味攤，現在可是全家人都分工合作來經營生意，像是大哥專門負責採買和滷製的工作，而老二和老三則得負責賣場的營運；連假日休息時間都拿來做生意，希望體力能夠繼續支撐下去，造福更多想吃滷味的朋友。

老闆陳啓發先生

老闆給菜鳥的話..........

對於有興趣從事滷味小吃生意的新手，陳太太覺得除了要有心理準備，能夠忍受十分長的工作時數之外，再來就是要能掌握開設的地點，人潮能夠帶來生意，所使用的材料也才不會因為賣不出去而浪費，而且滷味絕不能放隔夜賣，因為再次下鍋就會變黑縮水，賣相絕不會太好看。為了食材新鮮，陳先生和陳太太都會在清晨大約4、5點左右就到批發市場選購，搶先挑選漂亮的菜色，再請人送貨，食材的新鮮與刻苦的耐心，這些都是要做好滷味生意不可避免的困難和成功秘訣。

數字會說話？

項 目	數 字	說 說 話
開業年數	10年	從事小吃業的經驗十分豐富
開業資金	約10萬元	簡單的攤車和冰箱等冷藏設備
月租金	12萬元	含泡沫紅茶店面1、2樓
人手數	6人	歐巴桑專門負責洗菜 另外由工讀生專門負責攤上的滷味包裝
座位數	約70人	可在店內配合茶點享用
平均每日來客數	約500人	
平均日營業額	約50,000元	男學生一般平均消費約100元 女學生一般平均消費約50元 3人以上一般平均消費約200～300元
平均每日進貨成本	約50,000元	含樂華夜市攤位成本
平均每日淨利	約20,000元	不含樂華夜市
平均每月來客數	約15,500人	
平均每月營業額	約1,500,000元	
平均每月淨賺額	約900,000元	
營業時間	5:00PM～2:00AM	
每月營業天數	約25～28天	固定節日休息
公休日	無	假日照常營業

製作方法

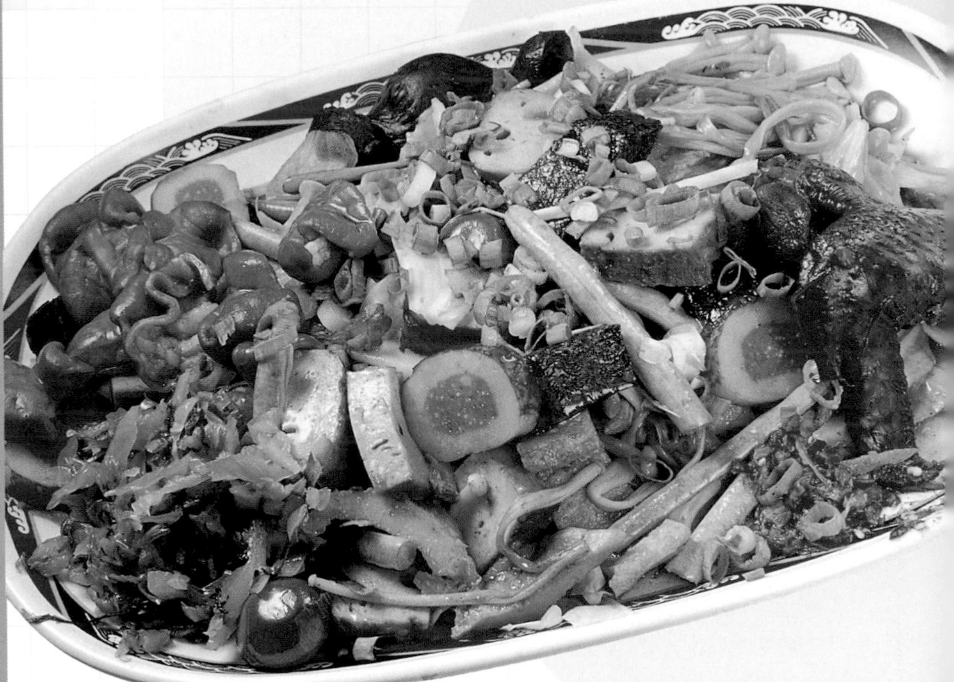

1

將材料下鍋滷製

製作方法

滷滾約數分鐘

客人內用裝盤，調味及放入鹹菜、蔥花

4

外帶客人調味後裝袋

5

滷製後成品

美味DIY...........

材料

1. 高麗菜酌量
2. 青椒酌量
3. 四季豆酌量
4. 茭白筍酌量
5. 金針菇酌量
6. 豬耳朵酌量
7. 鴨翅膀酌量
8. 鴨肫酌量
9. 其他肉類酌量
10. 滷包：大茴、小茴、陳皮、八角、甘草（可視當地口味調整）

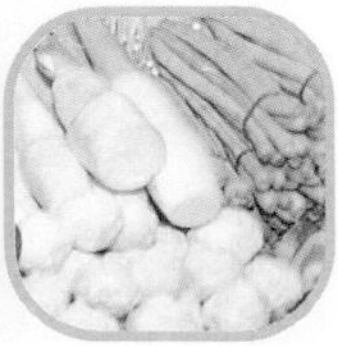

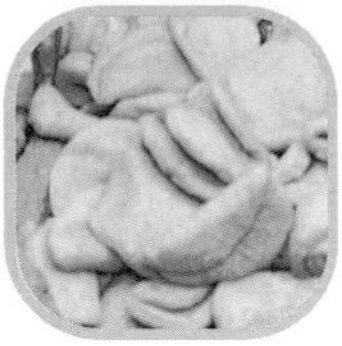

哪裡買？多少錢？

以上食材均可視個人需要增減，而滷汁包則可以自行調配口味或是購買現成滷包使用。至於青菜類可到大型的果菜批發市場購買，肉類則可以到環南市場購買，比較便宜。

項目	份量	價錢	備註
高麗菜	1斤	25～30元	價格視季節、產地波動
青椒	1斤	50元	價格視季節、產地波動
四季豆	1斤	50元	價格視季節、產地波動
茭白筍	1斤	70元	價格視季節、產地波動
金針菇	1包	400～500元	冬天比較便宜
鴨翅膀	1隻	10元	
雞胗	1個	13元	
豆干	1斤	15元	
豬耳朵	1副	50元	黑毛豬

》》》》》》》》》》》》》 **製作步驟：**

1. 前製處理

青菜類

(1)將殘餘的農藥以水洗淨，用水浸泡，撈起、切段，備用。

肉類

(1)將鴨、雞、豬等肉類除毛洗淨；腸類或內臟類以白醋加鹽處理，除可去污垢外，亦可防止腐敗。

(2)將水及滷包以大火加熱至滾，加入待滷的肉類及豆干（海帶最後快滷好才放），滷汁需蓋過滷物。

(3)加入少許的酒及冰糖、適量的醬油調味。

(4)以中小火慢滷約1小時左右（視滷物多寡而定）。

(5)熄火悶約15分鐘，讓滷物入味。

(6)撈起拌上香油，置涼即可備用。

2. 後製處理

(1)將滷過肉的滷汁再加熱濃縮成滷汁鍋底（汆燙太多滷味，滷汁味道會變淡）。

(2)將欲食用的蔬菜及滷味，分別依不同的時間入滷汁中汆燙至熟或入味。

(3)撈起後灑上香油、鹹菜及蔥花、辣椒、胡椒粉或特調醬油膏即可。

3. 獨家撇步

(1)不偷懶，滷包參考各方秘訣親自調味，也能試著滷出古早味的佳味。

(2)每種食材滷的時間必須依肉類、菜類、豆類來拿捏，才能滷出食材的好風味。

店面外觀

你也可以加盟……….

平均每天都有5個以上的詢問者想要加盟燈籠滷味，不過目前由於陳先生一家人考量到品質難以控制的問題，屆時說不定會壞了燈籠滷味的名聲，風險太大，因此暫時沒有朝向這方面拓展事業的想法，不過根據陳太太建議，其實從事滷味生意的成本的確不需要太高，但是如果能夠在體力的負荷、地點的選擇上經過勞心勞力的評估，還是有賺錢的機會。

皇家現烤香腸

噗ㄘ好香喔
小小香腸攤
噗ㄘ又噗ㄘ
舊時的懷念吃的到
皇家香腸噗ㄘ〝讚〞

美味紅不讓　特色紅不讓
人氣紅不讓　地點紅不讓
服務紅不讓　名氣紅不讓
便宜紅不讓　衛生紅不讓

店齡：11年美味
老闆：黃先生
年齡：40多歲
創業資本：3萬元
每月營業額：約60萬元
每月淨賺額：約30萬元
產品利潤：約5成
營業地點：台北市泉州街32號之2
營業時間：2:00PM～7:30PM
聯絡方式：（02）2309-7428

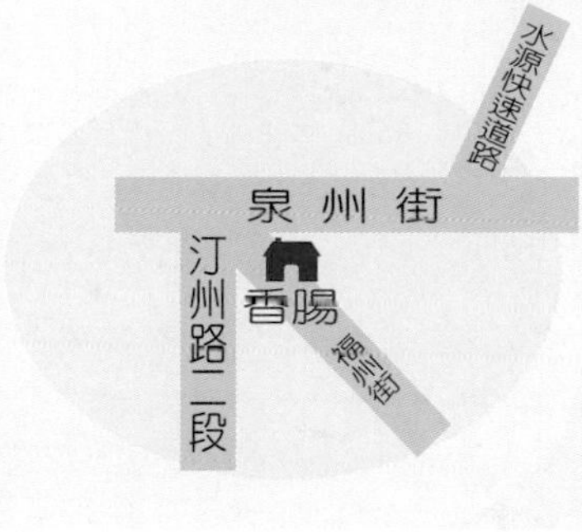

親切的古早味，更勝新式花俏.........

如果說在今年一炮而紅的花式香腸像是『鐵師玉玲瓏』般花俏精彩，那麼皇家香腸的傳統口味也許就像是從小時候就陪著婆婆媽媽成長的楊麗花歌仔戲，那樣紮實親和。皇家香腸的口味完全是自製自賣，不過簡單的燒烤方式卻可以讓香腸口味像是吃起豬肉乾那般香甜，肉質鮮美Q嫩純粹，而且皇家香腸完全不使用任何醬料來添加香味與強調美味：一個小小的香腸攤，卻讓人感受到無比親切的熱忱招待，更讓我覺得吃在口裡，滿足在心裡的物超所值。

話說從前..........雕刻工人賣起香腸，這麼一賣就是11年

黃老闆原來從事的雕刻工作和小吃類完全無關，不過當初為了多點賺錢的門路，正巧身邊的朋友經營烤香腸的小吃生意的確不賴，於是他也跟著邊學邊賣，兼差做起生意；起初他只是向賣香腸的盤商批貨來賣，過了1、2年，就在盤商打算退休，不做香腸生意之時，黃老闆於是把握機會拜師學藝，決心將這門功夫學起來，大約花了一星期的時間體驗所有製作流程。經過了1、2年的時間，黃老闆便將生意重心完全放在香腸製作及烤香腸的小吃攤上，心無旁騖的認真經營，不過好不容易花了4、5年的時間才漸漸建立皇家烤香腸的名氣，又因為當時警察開始大量取締流動攤販，於是進而尋找到目前的地點設攤，原本黃老闆希望藉由隔壁的麵線攤子來吸引一點人潮，果然這招奏效，漸漸的人潮聚集景象一傳十、十再傳百，也因此讓皇家香腸的名聲遠播，於是愈來愈得心應手的黃老板，也就順水推舟的持續這門事業。謙虛的黃老闆，還極力謙稱是由於大家的不嫌棄，才願意光臨他的香腸攤，我倒覺得他說的真是客氣話，這麼有實力的香腸口味，如果會賣不好那才是令人覺得匪夷所思呢！

心路歷程..........另類花式雖創意，傳統老味仍更勝

皇家香腸從一開始的流動攤販生意，到現在的有口皆碑，其中也花了一番不小的功夫和時間，雖然皇家香腸製作的口味傳統紮實，黃老闆也曾經以批發形式讓幾個朋友去試著賣賣看，不過都還是得要耐心的經過時間考驗。黃老闆一直以來就是規規矩矩的將生意做好，好不容易在4、5年前找到還不錯的地點，就賣力

的維持生意穩定，因此才有今日的成就。不過他說近年來因為一些媒體的報導，對他的生意有絕對正面的推波助瀾之勢，像是之前經過電視節目一曝光，隔天前來一試味道的好奇民眾絡繹不絕，硬是讓他們忙了一整天才收工。而且對於黃老闆個人而言，也許是對於自家香腸的品質保證有絕對的信心，他認為真正的傳統食物其實很難因為隨波逐流的流行而被突如其然的淘汰，他自己當然也嘗試過花式香腸的味道，雖然覺得流行了約有3～4年之久的花式香腸充滿另類創意，但似乎他還是偏愛自己所製作的傳統口味；說真格的，吃過皇家香腸之後才會恍然大悟烤香腸的魅力所在，自詡美食吃透透的我們也才能稍稍了解，香腸為何能夠經過這麼久遠的時間考驗，卻依然是中國人逢年過節上菜時，重要的應景食物了。

開業齊步走..........

》》》》》》》》》》》》》 攤位如何命名？

黃老闆並沒有刻意為自家的美味香腸取個響亮的名號，只是幾個簡單的形容詞：自製、現烤、簡單、美味，卻是恰到好處的點出皇家香腸獨家的口感所在。當然黃老闆對於自家香腸也是擁有絕對的信心，『黃家』和『皇家』音同，黃老闆自許能夠做到第一的口味！只要口味好，總有一天絕對等到客人上門光臨。

攤位外觀

地點選擇？

當初選擇這個地點，是希望藉由隔壁同樣在作小吃麵線生意的客人，偶爾順道光臨他的香腸攤，增加一點業績，慢慢的因為客人所建立的口碑，進而開始鞏固他自己的客源。甚至有時原本不知情的路人一看到他的香腸攤前圍了一群人，就會好奇的過來試試口味。

租金？

皇家香腸的攤位地點看起來並不顯眼，不過連同製作香腸所需要的地方，每個月還是需要8、9千元的租金支出，說低不低，不過總比一開始經營時，每每得放亮眼睛，隨時有被警察取締的不安定，來得自在多了。

硬體設備？

一般經營烤香腸生意的小吃攤，只需準備簡單的攤車與烤香腸的爐子，大約25,000～30,000元，就可以做起生意；不過有些人可能會抱怨油煙味四處飛散，因此最好再裝上抽風機以免污染環境，大約需花費4,000元；如果再加上黃老闆自製香腸所需的周邊設備，例如大型冰箱就需要40,000元以上的費用，肉類所使用的中型攪拌器單價約40,000元，灌腸機器則需要20,000元，都視個人需要而定，而所有器材都可以在環河南路一帶購買。

人手？

早期黃老闆為了多賺點錢，當然所有的大小雜務都是由他自行解決，不過近年來他的生意愈作愈大，正好身邊的親戚朋友對於烤香腸也有些興趣，於是目前大約有3～4人固定會幫黃老闆看攤子與製作香腸，平均月薪在30,000～40,000元之間。

客層調查？

愛吃皇家香腸的人五花八門，原本的老主顧不會流失，而也有許多臨時經過的過路客人因為好奇而嘗試口味，在之後經過一些媒體的報導也讓他的美味香腸知名度大開；此外則是在週休二日或是假日時段，也會有許多慕名而來的客人；至於一些在外面跑業務的上班族，在平常時段也會順路繞到皇家香腸，一口氣包個10、20條回去，大家有福同享道地的台灣美味。

人氣項目？

堅持原汁原味的皇家香腸，除了不以花式香腸作為號召，利用最簡單的炭烤方式平實的呈現香腸原味，就算冷掉了，也不妨礙香腸那股濃郁順口、Q嫩相溢的自然香醇，保證讓人吃的津津有味，再三回味。

營業狀況？

雖然目前的經濟景氣不是太好，再加上花式香腸和大腸包小腸左右夾攻的競爭，不過黃老闆個人倒是覺得對於皇家香腸的生意並沒也太大的影響，或許是因為單價低，而且他的口味數十年來從沒有變化過，因此生意穩定成長，平均每天大約都可以賣出600條左右的烤香腸，而在假日時段則可以賣出大約800條左右。而且顧客都一致稱讚皇家香腸肉質十分新鮮，也沒有一般香腸的慣有油膩感，也難怪吃過的人個個讚不絕口了。

未來計畫？

黃家香腸的生意這麼好，黃老闆卻暫時沒有拓點的計畫，因為十分重視地點好壞的他，接下來如果還想要順利找到另一個他覺得不錯的地點，或許都還得費一番功夫；而且黃老闆本身在平日也有許多事情要忙，恐怕暫時無法分身兼顧其他店面，因此還是本著能做多少就賺多少的老實人精神，好好鞏固皇家香腸的客源吧。

老闆給菜鳥的話..........

老闆黃先生

簡單的攤車設備，烤香腸小吃攤便可以輕鬆開張，不過黃老闆建議初入行者：香腸可先以批貨方式來節省時間，多做點生意打好基礎，再考慮自製香腸也不遲。只是地點的選擇十分重要，因為光是好吃的香腸和響亮的名號，卻不是賺錢的絕對保證，而且鄰近的地點或許也會因為隔了一條街的關係，就有人潮多寡的極大差別。再加上悶熱的夏天還得站在燒騰騰的炭火爐旁，也是一門難以忍受的苦差事，不過萬事起頭難，只要生意穩定的話，其實財源也就自然會滾滾而來了。

數字會說話？

項目	數字	說說話
開業年數	11年	自製自賣的優良老字號
開業資金	約2～3萬元	包含簡單的攤車和冰箱等冷藏設備
月租金	8000～9000元	含隔壁製作香腸的空間
人手數	3～4人	對於烤香腸和製作香腸有興趣的親戚朋友就近幫忙月薪約在30,000～40,000元
座位數	無	
平均每日來客數	600條、假日800條	因無法估計實際來客人數
平均日營業額	約20,000元	
平均每日進貨成本	約6,000～8,800元	本身製作香腸外賣
平均每日淨利	約10,000元	
平均每月來客數	約16,000～20,000人	
平均每月營業額	約600,000元	
平均每月淨賺額	約300,000元	
營業時間	2:00PM～7:30PM	
每月營業天數	約28天	初三、十七因市場休市，故不營業
公休日	無	假日照常營業

製作方法

製作香腸材料：瘦肉、肥肉、高粱酒、米酒、調味料

將肉類依比例混合後倒入攪拌器中

清洗羊腸

製作方法

進行灌腸

香腸成品

煎烤香腸約8分鐘

烤香腸成品

美味DIY............

材料

1. 後腿，生鮮豬肉10斤（大約可做出120條香腸）
2. 羊腸衣40尺
3. 大蒜酌量
4. 調味料（鹽、糖、味素、米酒、五香粉、肉桂粉、白胡椒粉、鮮紅素適量…）
5. 木炭
6. 火種
7. 高粱酒半杯

哪裡買？多少錢？

生鮮豬肉只需到一般市場的豬肉攤購買即可，黃老闆使用肥肉與瘦肉的比例大約是25%：75%，而灌腸用的進口羊腸則可以向代理商購買或詢問一般肉攤商，其餘材料在迪化街都買得到。

項目	份量	價錢	備註
後腿豬肉/ 肥肉	1斤	30元	
後腿豬肉/ 瘦肉	1斤	60元	
羊腸衣	1碼	300元	1尺15元
木炭	1包（大）	500元	
火種	1包	5元	
大蒜	1斤	25元	
鹽	24包/1箱	335元	
糖	50公斤	865元	
味素	12包/1箱	450元	
米酒	1瓶	21元	
五香粉	1斤	80元	
肉桂粉	1斤	120元	
白胡椒粉	1（包）斤	80元	純/160元
鮮紅素	1（包）公斤	60元	

製作步驟

1. 前製處理

豬肉

(1)將買回的肥肉與瘦肉去皮去筋。

(2)切成小塊狀。

(3)加入適量的鹽、糖、味素、米酒、五香粉、肉桂粉、白胡椒粉及少量的鮮紅素。

(4)將(3)攪拌均勻後冷藏（較具稠度及彈性）備用，隔天早上進行灌製過程。

羊腸衣

(1)用高粱酒倒入腸衣中來回清洗。

(2)將腸衣輕輕搓揉。

(3)倒出高粱酒，用清水將酒味沖掉即可。

灌香腸

(1)將腸衣架在機器上（若無機器，可用塞的）。

(2)把已冷藏過一夜拌勻的肉放入機器內。

(3)將肉灌入腸衣中，每隔約10公分綁上細綿繩分段。

(4)用牙籤在香腸上刺些小洞，擠出空氣。

(5)將完成的香腸掛於陰涼處風乾。

小黃瓜

(1)將小黃瓜洗淨、切薄片。

(2)加入鹽搓揉後，將小黃瓜出的水倒出。

(3)加入適量的糖及白醋調味。

(4)放入冰箱中，醃漬一夜入味即可食用。

2. 後製處理

(1)將香腸分段剪開（如果室溫高於28℃，則需冷藏維持鮮度）。

(2)用中火炭烤（木炭適量即可，否則爐火過大容易烤焦）。

(3)需來回翻轉約8分鐘。

(4)若有肥肉處用牙籤稍微刺一下，讓油脂少一點。

(5)將香腸取出，依個人口味配上大蒜、嫩薑、小黃瓜食用即可。

3. 獨家撇步

香腸烤過幾分鐘後，會呈現色澤深且略硬狀態，香腸熟滾後，內含的水分與油脂會冒泡，如果烤的過熟，水分與油脂會因此流失，並且會加重香腸的鹹味。因此烤香腸的時間及火侯是香腸好吃與否的關鍵。

你也可以加盟..........

黃老闆不會拒絕對於香腸有興趣的加盟者，不過他會希望加盟者最好先找好合適的地點，因為他也不能保證加盟即可賺錢，至於加盟費用，除了看加盟者的誠意之外，一旦加盟，黃老闆會負責原料與設備的打點，大約需要6萬元的創業基金。因為作小本生意雖然賺錢辛苦，畢竟是血汗錢，先三思而後行，才能順利地踏出你的第一步。黃老闆希望雙方都能達成雙贏的局面。

東區臭豆腐

臭豆腐要臭的誘人
泡菜要酸的夠勁
流動的臭豆腐攤
對準台灣人的胃

美味紅不讓	♛♛♛♛♛	特色紅不讓	♛♛♛♛♛
人氣紅不讓	♛♛♛♛♛	地點紅不讓	♛♛♛♛♛
服務紅不讓	♛♛♛♛♛	名氣紅不讓	♛♛♛♛
便宜紅不讓	♛♛♛♛	衛生紅不讓	♛♛♛♛♛

店齡：14年老味
老闆：王素娥小姐
年齡：41歲
創業資本：10萬元
每月營業額：約50萬元
每月淨賺額：約30萬元
產品利潤：約6成
營業地點：台北市東區忠孝東路一帶
營業時間：11:00AM~10:00PM
聯絡方式：（02）8771-4288

"臭"名遠播，難以抗拒的好滋味.........

臭豆腐雖然是聲名遠播的平民小吃，簡單的加上泡菜就是一盤平凡中的美味。不過偏偏從小我就對酸酸甜甜的泡菜敬而遠之，一直到有機會試過這家小吃攤的泡菜之後，第一次把可口的泡菜吃的精光的感覺實在不賴。到目前為止，我每每光臨這裡時，還是會貪心的連他們的魷魚羹和臭豆腐一起點著吃，嗯…的的確確是難以抗拒的好滋味呢！

話說從前..........人客愈嫌，頭家愈愛

多年前從南部上來討生活的王小姐，和先生一起選擇了小吃業，作為營生的事業，夫妻倆一開始就在現在的頂好商圈一帶賣起臭豆腐和蚵仔麵線，不過當時在他們的顧客之中，正巧有一位小姐懂得韓國泡菜的製作方式，於是就很熱心的教導王小姐重新改良她原本的泡菜口味，因此就從那時候賣到現在，也經過了14年的時間，當然在當中也不斷依照客人建議的口味作一些適時的改變，再加上王小姐的先生原本對於美食的興趣就十分濃厚，一開始他們原本只是單純的使用一般的醬油，由於王小姐的先生經過自己的創新調配，才能進而奠定這樣的口碑基礎。

至於王小姐的臭豆腐，則是向一個十分老字號的臭豆腐製作商批發，因此外酥內軟的好口感，保證試過上癮。隨後王小姐儘管依舊在東區一帶做生意，還是多少因為警察取締的關係，而換過幾次做生意的營業地點，而且也將蚵仔麵線換成了韓國魷魚羹，不過好吃的臭豆腐倒是一直延續著口碑作起來，相信只要是在東區一帶的住戶（其中當然不乏許多知名企業老闆的固定捧場）或是上班族，都曉得他們的臭豆腐，也可算是聲名遠播；也因為現在的生意比較穩定，再加上小孩都可以輪流幫忙，因此有時候王小姐和她的先生也會在晚上7、8點外出逛逛，順便去吃吃別人家的臭豆腐口味，如果發現特殊口味，他們也都會試著調味改進，否則什麼時候被淘汰都沒有辦法說個準呢。

心路歷程..........罰單接不完，咬牙撐過去

王小姐早年在頂好商圈一帶做生意時，由於太平洋SOGO百貨甫開幕所帶來的不少人潮，據說可以人擠人的盛況來形容，不

過由於流動小吃攤必須時時擔心警察取締的風險，之後他們也曾經在大安路上租過店面，只是在那樣的黃金地段上做生意，從早上8點到晚上10點，就算生意再好，大概有2/3的營收都拿去付房租的開銷，根本沒辦法賺錢，於是在當時他們也只好先黯然的收起攤子。王小姐和先生之後回到南部，當時曾經有個想法，在自己的家鄉另起爐灶，不過又苦於固定配合的臭豆腐批發廠商，無法送貨到南部的貨源問題，最後還是作罷！

重新選擇回到東區經營小吃的王小姐夫婦，仍是在忠孝東路一帶擺起固定攤位，做了這麼多年，生意算是不錯，只是一直到現在，他們雖然不用負擔租金，但每天接到的罰單累積起來，也是一筆極大的開銷，再加上小孩都大了，在這裡經營生意那麼多年，他們如今實在很難說搬家就搬家；偏偏東區一帶的租金都貴的令人咋舌，又並非他們這些賺辛苦錢的攤家所能負擔。目前他們一家人都輪流來照顧小吃攤，王小姐則專門負責材料的烹煮工作，齊心合力，當然體力上的勞累不在話下，只是為了餬口營生再怎麼辛苦也是得過下去。

開業齊步走..........

攤位如何命名？

頭家的臉就是最好的店名！

王小姐的攤位看板沒有名稱，不過她會很清楚的標出菜單，除了臭豆腐之外，就是韓國魷魚羹可供選擇。以前在頂好商圈一帶做生意時，她曾經用過『真好吃』這樣的招牌名稱，不過一般的客人只要認得出王小姐或是她的攤位，其實掛不掛上招牌似乎不太重要。

地點選擇？

一開始就是看上SOGO百貨商圈的人潮不斷，商機無限，因此十幾年來也已經習慣在這一帶附近做生意，不過這一帶的逛街人潮雖然不少，主要卻還是以周邊的上班族客層為主。不過據說曾經在景氣最佳的時候，因為夜生活繁榮所帶來的人潮，時常還可見顧客一擲千金的豪氣模樣呢。

租金？

其實在這一帶，動不動就收到的罰單已經可抵部分的租金開銷了，王小姐雖然多次考慮過頂租一個合適的店面，做起生意來也比較安穩，但是多年前在大安路一帶的失敗經驗，實在讓她沒有勇氣與多餘的財力去承租一個黃金店面。

硬體設備？

王小姐目前所使用的攤車是特別經過訂做，根據她以往的經驗，一般攤車外表都是使用白鐵包覆，可是裡頭的材質所使用的木頭，經過加熱高溫的摧殘，往往使用不久，因此王小姐特別訂做了這台可耐熱耐溫的攤車，大約40,000元；至於炸豆腐所使用的油鍋則可以視個人的喜好與需要，每個單價約800元上下，同樣在環河南路一帶可選購齊全。

人手？

曾經以一個小時200元的時薪請過幫忙的人手，不過目前王小姐的小吃攤生意完全由自己的3個小孩來幫忙看顧，最近王小姐的弟弟也在晚上的時段跟著輪班照顧，凡事能省則省。

客層調查？

頂好商圈這一帶的小吃攤很少做到逛街人潮的生意，因此王小姐在星期一到星期六的時段，從一大早開始營業到接近午夜時分收攤，懂得捧場的顧客則大部分都是附近的上班族群外帶著吃，用餐時間則是最為熱門的時段；加上王小姐的先生覺得上班族賺的薪水也不是太高，因此他們也堅持所賣出的臭豆腐和魷魚羹都必須非常實在（料多的讓你無法想像，就算你已經餓到前骨貼後皮，在這裡照樣可以滿足你的胃）。

人氣項目？

攤位外觀

王小姐的小吃攤同時經營著臭豆腐和魷魚羹，臭豆腐的特色是外酥內軟，而泡菜則是相當清脆可口，通常泡菜絕不會輸給臭豆腐的魅力，而一起掃個精光。至於魷魚羹，用的是韓國魷魚，嚼勁十足，再不然也有傳統的肉羹可以選擇；將臭豆腐和魷魚羹加在一起品嚐，更是恰到好處的絕佳滋味哦！

營業狀況？

由於現在的生意算是穩定非常，因此王小姐的貨源也有十分固定的廠商供應，省下了材料購買往返所需要花費一個小時以上的時間，王小姐所配合的臭豆腐批發商(02-27884454)也合作了十來年；至於烹調所使用的沙拉油、醬油和其他調味料，她也只是單純的選購有名氣的老牌子，像是大成沙拉油和金蘭醬油，而且就在附近雜貨店固定叫貨。至於泡菜所需要的高麗菜，她則是建議可到一般的大型批發市場選購，可多少降低材料成本。

未來計畫？

王小姐由於操勞過度，因此身體不如以往的好，不過她倒是希望等到自己的兒子當完兵退伍之後，就可以將製作一些小吃的秘訣傳授給他們，然後再到其他熱鬧的夜市作穩定的生意，因為她覺得現在這個社會，光是書讀得多也不見得能夠養家活口，只要小孩有心，一家人都從事小吃業也沒什麼不好。

老闆給菜鳥的話..........

老闆娘王素娥小姐

王小姐說做小吃類的生意時間特長，就連她自己的3個小孩輪流幫忙都覺得體力上常常吃不消，所以一定要先有心理準備，和家人或是一起做生意的其他人手商量好時間的分配，有健康的體魄才能從事賺錢的事業。而且就算顧客已經在口味上肯定你，她卻覺得這個多變的時代，還是得時時研究別人的口味，跟上潮流，進而作一些開發改進，這樣才能夠信心滿滿的不時接受客人的讚美和肯定。

數字會說話？

項目	數字	說說話
開業年數	14年	
開業資金	約5～7萬元	簡單的攤車和冰箱等冷藏設備
月租金	無	由於是流動性質，罰單金額不定
人手數	4～5人	由家中小孩及王小姐和她的弟弟輪流看顧
座位數	約10人	由於附近上班族客層較廣，多以外帶為主
平均每日來客數	約400～500盤	因無法估計實際來客數 冬天生意又比夏天佳
平均日營業額	約20,000～25,000元	視季節及來客數而定
平均每日進貨成本	約5,000元	
平均每日淨利	約1,0000元	視季節及來客數而定
平均每月來客數	約12,000～15,000人	視季節而定
平均每月營業額	約500,000元	約略推估
平均每月淨賺額	約300,000元	約略推估
營業時間	11:00AM～10:00PM	
每月營業天數	約25～26天	
公休日	每週日	

製作方法

臭豆腐及製作泡菜材料：高麗菜、紅蘿蔔、紅辣椒、香油、白醋、冰糖、豆瓣醬、臭豆腐

將高麗菜切碎

加入鹽用手揉出菜味

加入紅蘿蔔絲及香油、冰糖等調味料

Know-how

製作方法

再加入紅辣椒拌過

加入白醋調味

泡菜成品

臭豆腐下鍋煎炸

炸熟後起鍋

取適當份量切塊

再加入醬料及泡菜

臭豆腐及泡菜成品

Know-how

美味DIY...........

材料：

1. 高麗菜1斤（約15份泡菜）
2. 紅蘿蔔4兩
3. 紅辣椒2條
4. 白砂糖2兩
5. 鹽1大匙
6. 香油1茶匙
7. 工研白醋3/4～1杯
8. 豆瓣醬適量
9. 味噌適量
10. 金蘭醬油適量

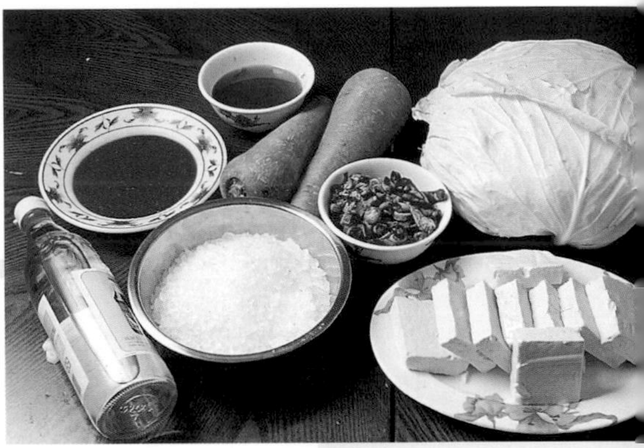

哪裡買？多少錢？

項目	份量	價錢	備註
高麗菜	1斤	30元	價格視季節、產地波動
紅辣椒	1斤	80元	
冰糖	1斤	20元	
鹽	1包	15元	
香油	1瓶	180元	
工研白醋	1瓶	180元	
紅蘿蔔	1公斤	15元	價格視季節、產地波動
豆瓣醬	1斤	30元	
味噌	1斤	40元	

製作步驟

1. 前製處理

泡 菜

(1)先將高麗菜、紅蘿蔔、辣椒洗淨切好、晾乾。

(2)在高麗菜裡加入鹽，用手搓軟約1小時直到高麗菜看起來像是熟透一般，藉以去掉高麗菜本身的菜味。

(3)用煮過後放涼的開水，再沖洗1次。

(4)用比例恰當的調味料（冰糖、鹽、工研醋）加入泡菜中拌勻，以冷開水浸泡大約8小時即可入味。

臭豆腐

(1)將臭豆腐所含的臭水沖洗乾淨（會使臭豆腐本身的臭味較淡）。

(2)將臭豆腐的水稍微瀝乾，免得下鍋炸時起油泡。

沾 醬

(1)將豆瓣醬、醬油、味噌醬、冰糖按照個人喜好比例調配。

(2)煮開後加入太白粉水勾芡，即成臭豆腐沾醬。

2. 後製處理

(1)先將臭豆腐丟進油溫約130度的油鍋中泡炸，待略黃時撈起備用。

(2)要食用時將臭豆腐切成1/4小塊，再度下鍋炸至金黃，如蜂巢狀熟透，即可撈起。

(3)加入泡菜及調味沾料、蒜泥等沾醬即可成為一盤可口的臭豆腐。

3. 獨家撇步

(1)臭豆腐種類百百種，不過炸熟後外脆內軟的口感最讚，油溫是含不含油的重要關鍵哦！

(2)泡菜事先用雙手搓揉，泡上冷水醃漬可增加清脆度。

你也可以加盟..........

勞心勞力的王小姐，只打算將小吃事業在不久的未來交給她那幾個有興趣的兒子、女兒接棒，不過如果在製作過程上有什麼樣的疑難雜症，就要請大家碰碰運氣，看看手藝一流的王小姐或是她那精通美食的先生，願不願意傾囊相授了。

兩喜號魷魚羹

『兩喜』— 祖父的名字
傳三代80年的歷史
古樸的碗、透出好古老的味
鮮甜的魷魚、嚼出好Q的飄香味

美味紅不讓	特色紅不讓
人氣紅不讓	地點紅不讓
服務紅不讓	名氣紅不讓
便宜紅不讓	衛生紅不讓

店齡：80年老味
老闆：陳秉駿先生
年齡：35歲
創業資本：約4萬元
每月營業額：約72萬元
每月淨賺額：約45萬元
產品利潤：約6成
營業地點：台北市萬華區廣州街225號
營業時間：11:00AM～2:00AM
聯絡方式：（02）2308-7332

老店成地標，愈老愈夠味………

萬華一帶由於捷運的通車，城市面貌煥然一新，再加上緊鄰著熱鬧有餘的華西街觀光夜市，不論是路邊小吃攤或是自營小吃店面，簡直多如過江之鯽，不可勝數；只是許多位在這裡的老字號小吃，經營歷史卻是一家比一家悠久，好像怎麼也比不完，而緊鄰著西園路和廣州街的熱鬧路段，偌大而醒目的兩喜號，卻是第三代老闆彷彿浴火重生般的經歷之後，成為萬華小吃的顯著地標。

話說從前…………冷門時段，熱鬧來經營，媳婦熬成婆

我想任何人在乍看到兩喜號擁有傲人的經營紀錄80年，都會吐吐舌頭的不可置信，從民國十年由陳老闆的祖父—陳兩喜先生在龍山寺埕消防栓賣起魷魚羹，當時所使用的商標碗，至今還陳設在兩喜好的總店牆上。一邊是咬勁十足的魷魚，一邊是高級的旗魚魚漿，根據古法熬煮的鮮美羹湯透過陳老闆的父親—陳清水先生，傳給了第三代經營者—陳秉駿先生。不過陳老闆當時在繼承家業之際，除了傳家的調味秘方和手藝，一切可說是從零開始：當十二號公園的周邊市場拆除之後，陳老闆只能選擇由政府在萬華市場所提供的攤位營業，陳老闆心想，在這種人煙沓無的地方做生意，豈不就是斷了原本的財路，因此他便和太太在西園路一家賣佛像與金紙的店門前重新擺起攤位（就是目前兩喜好西園店的店址）。

每天就在許多店面紛紛打烊之後，兩喜號才開始做生意，從晚上10點營業到清晨5點。許多人一定以為頂著祖傳的響亮名號，就算是冷門的生意時段，想必也是影響不大，錯了！由於許多老顧客在平常時段再也找不到兩喜號的攤子，客源自然流失不少，因此陳老闆和陳太太在那時完全是從無到有的重新來過，他們每天不畏風吹雨打與絲絲倦意，任勞任怨的在固定時段推出攤車、擺出桌椅做生意，全年無休，於是附近一帶的夜貓族，和興致一來想吃宵夜的人，不至於無處可去，再加上原本有口皆碑的美味，讓陳老闆東山再起，發揚祖業，到現在他在萬華已經連開兩家分店了。

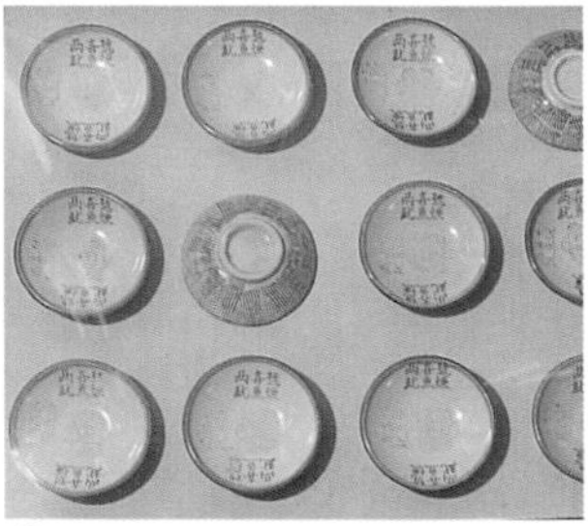

兩喜號近百年具有歷史的古董碗

心路歷程…………不唸書的孩子承父業，冷飯熱炒

陳老闆當初是因為不愛唸書，才自願從父親手中接下這個生意擔子。重新再起步開發自己的客層時，也曾遭遇不少挫折，甚至心灰意冷而萌生收手不幹的念頭。凡事起頭難，雖然陳老闆的營業時段在十多年前可說是相當冷門，不過陳老闆和陳太太自始至終抱著一個腳踏實地的念頭，風雨無阻的想盡辦法營生：曾經他們每天只有零星的幾位客人，到了晚上11點公車收班之後就沒有什麼客人上門的境況；更曾經他們在颱風即將颳到台北的1、2個鐘頭前才捨得收攤，否則絕對撐到凌晨5點才肯回家休息。於是嗜吃宵夜的顧客漸漸的知道有這麼一家準時營業的攤子存在，老顧客也漸漸回籠，新、舊客好吃道相報口耳一再相傳，為兩喜號再次打響名號。許多老顧客的忠實光臨，甚至只是因為欣賞陳老闆夫妻的苦幹實幹。

就在小吃生意有了平穩的起色之後，陳老闆更是聽從顧客的建議，亟思尋找一個可以遮風避雨的店面擴大營業，至今他還是秉持著當初從路邊攤起家的敬業精神，全年無休，而且事事親力親為，和陳太太十分有默契的經營兩家店面；從無到有，陳老闆從經濟上的一無所有，和四周親朋好友完全不看好的情形之下，憑著自己的努力和幸運之神的眷顧，而打下了今日的輝煌江山。

開業齊步走…………

攤位如何命名？

陳兩喜先生早在民國初期所開設的魷魚羹小吃，到現在的第三代經營，『兩喜號』的攤位名稱沿用至今。第三代陳老闆在店內除了陳設祖父時代所使用的復古碗之外，兩喜號所有的食器上也都印著『兩喜號』的正字商標。

地點選擇？

由於一開始陳兩喜先生便在龍山寺旁做生意，到了兒子輩由陳清水先生繼承，在附近的十二號公園周邊市場，當時只有僅約1、2坪的空間可供營業，從國中時就開始幫忙父親生意的陳秉駿老闆，也都選擇人潮比較多的龍山寺附近擺攤或是尋找其他店面，也因此方便舊雨新知不致混淆，失去兩喜號的聯絡。

租金？

根據政府所公告的地價，目前這一帶商家店面的租金大約都在2萬元左右，不過由於緊鄰龍山寺和華西街觀光夜市，其實租金也是貴的嚇人，在這樣的繁華地段上，其實實際的租金並不亞於西門町一帶的熱鬧商圈。

硬體設備？

陳老闆所使用的攤車和冰箱，當初都是以實際的需要在環河南路一帶以大約8,000元左右的價格購進，不過若是新手入門，其實陳老闆倒是建議這些未來的老闆和老闆娘，可以先到汀州路一帶的商店看看一些二手設備，生意從小做起，硬體設備在相對上可以一切從簡，夠用就好。

人手？

廣州總店和西園店的服務人手加起來近20來個，一共分為平常日的早班、中班、晚班，以及比較忙碌的假日班，大部分的工

讀生以女孩子為主，當陳老闆需要人手時，便會在店內貼上招募海報，有時候正巧逛到附近的人，有興趣便曾過來試試看，而陳老闆視工作的熟練度給予平均約80~140元左右的時薪。一般來說，從事餐飲業的服務人員具有相當高的流動性，不過在兩喜號內，所有員工就像家人似的和睦相處，常客上門，倒是常見場內服務人員的熟面孔居多，也是兩喜號的另一個特色。

》》》》》》》》》》》》 客層調查？

在從前那個人人還不算富裕的時代裡，平常能夠吃上幾碗魷魚羹的客人，其實家境都算相當不錯，不少人都有著相當的身份地位，在兩喜號的老顧客中，數不清有多少人是從小吃到大，而現在都已經是白髮蒼蒼的祖父母輩了。在最近幾年，年齡層也有逐漸降低的趨勢，當然還有不少聞名而來的日本觀光客，因此店上的服務生都會說上幾句日文，好方便招待客人。而有幾位客人曾經在陳老闆還擺著西園路上的小吃攤時，常常不定時的探望，給予鼓勵和讚美，像是生產『金雙氧』眼鏡藥水的大老闆，便曾經對陳老闆說過這樣的話：「除了來品嚐兩喜號的懷念味道，還要來看看你們這對賣力做生意的夫妻。」『華新牛排』集團和『盧記』麻辣火鍋的老闆，除了常常光顧之外，還曾經適時的給予陳老闆夫妻中肯的建議，也因此他們才能在6年前終於開設了屬於自己的店面，而這可是用金錢也買不到的換帖交情呢。

》》》》》》》》》》》》 人氣項目？

除了道地的魷魚羹，在陳清水先生那一代開始，也賣起可以填飽肚子的炒米粉，兩喜號的炒米粉也別具特色，光是淋上蒜泥醬油和新鮮的油蔥，就是相當具有古早味的鄉土料理，再加上便宜的售價，每碗只要20元的炒米粉，也是陳老闆回饋顧客的一點心意。由於陳老闆堅持使用數十種的香料和最新鮮上等的材料，每天親自製作熬煮，因此兩喜號的魷魚羹，每碗以40元的大衆化價格賣出，其實淨利大約只在20元左右，陳老闆並不是凡是強求的人，也覺得錢賺夠就好，目前只希望喜歡兩喜號的顧客都能夠有始有終的品嚐到好味道，也就夠了。

營業狀況？

兩喜號在每天的前製作業中，每每用去不少時間，而魷魚的熬製更是得花上大約2天的時間，有時候做出來的材料若是不滿意的話，陳老闆也會毫不留情的全部丟掉，重新再來，他的一貫原則就是：自己若是認為不好吃的東西，絕對不可能賣給客人，當然這也是兩喜號的名聲能夠歷久不衰的其中一個原因。同時他也十分注重工作人員的服務品質，因此態度親切、笑臉迎人的外場服務生，就成了顧客到兩喜號用餐的另一個附加價值。

位於萬華的總店外觀

未來計畫？

兩喜號已經傳了三代80年的歷史，雖然名氣愈來愈大，不過陳老闆倒是抱著隨緣的態度，若是他的小孩將來有想要繼承父母親靠血汗打拼下來的事業，那麼他會十分樂意轉交給他，可是如果孩子都另有其他的發展與打算，陳老闆或許在某一時刻，就讓兩喜號的風光自然落幕。兩喜號的傳統，向來只將獨家配方傳子不傳女，順其自然的陳老闆，對於未來也沒法料個準就是了。

數字會說話？

項目	數字	說說話
開業年數	80年	民國10年～民國90年
開業資金	約4萬元	簡單的硬體設備，尤其是新手可先從二手用具藉以降低開業成本
月租金	無	陳老闆不方便透露，但據說實際地價不亞於西門町一帶的熱鬧商圈
人手數	約20人	採行輪班制，並以時薪計算
座位數	約50人	服務一流
平均每日來客數	約600碗	無法正確估計實際來客數
平均每日營業額	約24,000元	
平均每日進貨成本	約10,000元	
平均每日淨利	約15,000元	
平均每月來客數	約18,000碗	
平均每月營業額	約720,000元	
平均每月淨賺額	約450,000元	
營業時間	11:00AM～2:00AM	
每月營業天數	約30天	
公休日	無	全年無休

製作方法

魷魚羹的材料：旗魚羹、發泡魷魚、筍絲、香菜、醬油、胡椒粉、特調淋醬

準備一鍋高湯加入調味料煮沸

倒入地瓜粉水不停攪拌勾芡

製作方法

將勾好芡的魷魚羹倒入大鍋中

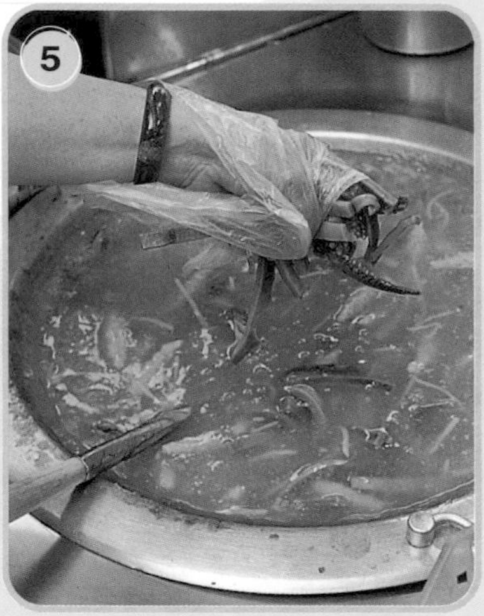

加入阿根廷發泡魷魚加熱烹煮

加入筍絲增加魷魚羹的口感

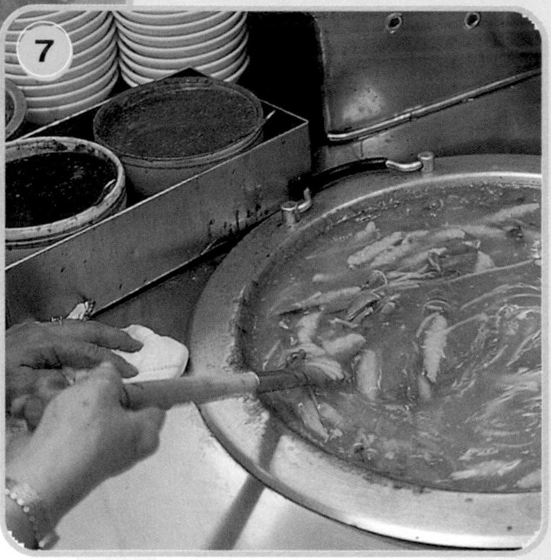

充分攪拌均勻用小火煮一會兒

魷魚羹等材料在一旁補充備用

舀出適量的魷魚羹、魷魚片

將魷魚羹加入適量的調味料

老闆給菜鳥的話............

正在煮麵的兩喜號陳老闆

陳老闆在附近一帶看過許多有心從事小吃業的新手，往往不見多久的時間就打退堂鼓，還沒有耐心賺到錢，就已經賠了不少材料成本，真可說是賠了夫人又折兵，陳老闆認為，要作為一個小吃老闆，熟練的手藝相當重要。像他這一類的專業人士，往往從舀湯和切菜的手法就可以看出料理的美味與否。因此他鼓勵新手一定要多多觀察別人做生意的態度和本事，並且在材料的選擇和應用上，一定要以實在為原則（即使是不惜成本），只要一獲得顧客的肯定，賺大錢的機會也就更邁進一步了。

美味DIY...........

材料

1. 高湯35斤（7斤水約20碗）
2. 魷魚，上等的整隻魷魚3斤
3. 旗魚魚漿4.5斤
4. 竹筍絲1斤
5. 地瓜粉半杯
6. 香菜適量　　7. 醬油適量
8. 紅蔥頭適量　9. 胡椒粉適量　10.鹽.糖適量　11.柴魚精適量

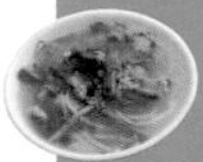

哪裡買？多少錢？

南北貨批發相當有名的迪化街上，就可以買到整隻的乾魷魚，陳老闆建議幾個選購的要點：像是魷魚愈大品質則愈好，而且阿根廷進口的魷魚又比一般市面上所販售的巴西進口魷魚好。至於魚漿也分為好幾種，旗魚魚漿因為季節性量產的關係，因此價錢較高，不過嚐起來的口感卻比較脆。其他像是鯊魚魚漿，或是一些名不見經傳的小魚混合所製作的魚漿，口感的差別也因此影響到價位，陳老闆也建議一般人可直接到製作魚丸之類的專門店購買所需的種類，也可以製作出手工般的口感。

項目	份量	價錢	備註
乾魷魚	1斤	200～300元	視產地與品質而定
旗魚魚漿	1斤	100～200元	視種類而定
竹筍絲	大量採購	100元	隨季節、產地波動
地瓜粉	1包	20元	
香菜	1斤	65元	隨季節、產地波動
醬油	4公斤	140元	
胡椒粉	1盒	70～80元	
鹽	24包/1箱	335元	
糖	50公斤	865元	
紅蔥頭	1斤	30元	
鹼粉	1包	40～50元	一般雜貨店可以買到

製作步驟：

1. 前製處理

阿根廷魷魚

(1)乾魷魚泡水至少一個晚上的時間，變軟後切片。

(2)倒入適量的鹼粉，將切片魷魚浸泡約1～3小時，直到肉質變的既軟且脆為止。

(3)用大量活水漂淨魷魚中所含的鹼粉（直到水質清澈透明），讓魷魚呈現膨脹效果。

(4)魷魚用熱水稍微汆燙，再浸入冷水中。

(5)將魷魚急速冷凍以維持咬勁十足的口感。

魚漿

(1)在生魚漿中加入少許胡椒粉以去除腥味。

(2)利用手工捏出魚漿形狀後，放入水中浮起即煮熟。

2. 後製處理

忙碌中的工作人員

(1)魚漿高湯加入地瓜粉水勾芡成為羹湯底。

(2)加入醬油、鹽、味精、柴魚精等調味料調味。

(3)放入已經切好的竹筍絲。

(4)加入魚漿、阿根廷魷魚烹煮一會兒。

(5)舀起適量的魚漿、魷魚及高湯，加入獨家秘方的醬料及香菜、胡椒粉、香油即完成好吃的魷魚羹。

3. 獨家撇步

(1)對於身體無害的鹼粉，是維持魷魚十足Q勁口感的小秘訣。

(2)獨家調製的醬料，是美味絕頂的秘訣，重點在於先將紅蔥頭爆香、壓碎、加入醬油、糖、鹽、胡椒粉等調味料熬煮至香味四溢即成獨門醬汁。

你也可以加盟..........

陳老闆曾經幫助一些親戚和朋友開業，打著兩喜號的招牌，由陳老闆負責提供每日所需要的材料供應，在南京東路5段、三合夜市和南機場夜市中都有分身，不過陳老闆不打算涉及加盟事業，擔心到時候無法嚴格的控制品管，深怕因此壞了兩喜號的名聲也不好，因此若真的有心從事魷魚羹的小吃業，或許誠如陳老闆的建議，多用心、多觀察、多練習，即使是新手，也能夠創造出人人點頭的獨門秘方。

雞將鹹酥雞

油鍋撈起來
滿是金黃香脆
不會太軟、不會太乾
不會太油、不會太淡
哇！100分的鹹酥雞

美味紅不讓　特色紅不讓
人氣紅不讓　地點紅不讓
服務紅不讓　名氣紅不讓
便宜紅不讓　衛生紅不讓

店齡：8年美味
老闆：陳永聰先生
年齡：40歲
創業資本：約10萬元
每月營業額：約45～50萬元
每月淨賺額：約20～25萬元
產品利潤：約5成
營業地點：台北市內湖路一段737巷53號
營業時間：4:00PM ～11:30PM
聯絡方式：（02）2627-7467
0936-557-265

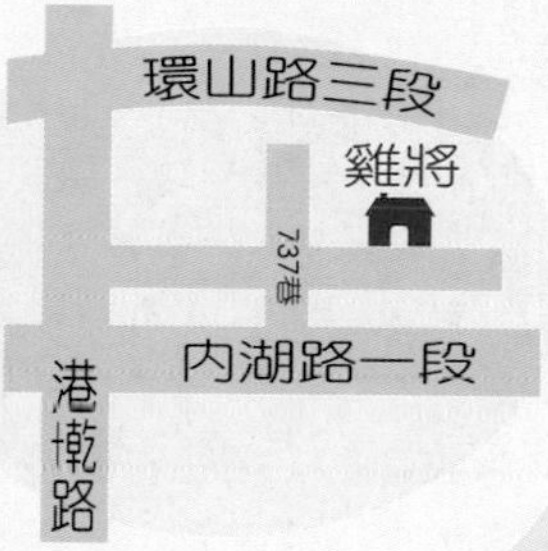

酥嫩脆Q總相宜，道地好滋味.........

不管是學生或是上班族，每每等不到晚餐時間，下午的時候就已經飢腸轆轆，這時候最不能抗拒的，大概就是一份剛從油鍋裡撈起來，炸的金黃香脆的鹹酥雞了。記得在學生時代，下了課不管跟同學之後約去哪裡逛街，都會就近的在附近鹹酥雞攤子買一份鹹酥雞！吃久了便發覺即便是油炸品，其實味道還是有些不同，有的肉太老、有的太軟、太乾、油味太重、或味道太淡，總之就一定有些不大不小的缺點，直到試過陳老闆的攤子，才發覺，嗯！這樣才是一百分！

話說從前..........開玩笑！我陳某怎麼可能去擺路邊攤？

10多年前，30歲不到的陳老闆從事房地產買賣的工作，運氣不錯加上個性圓融，很快的就爬上了頂峰，手上有了點錢，便開始學人玩當時最興的玩意兒—股票，結果也與大部分人一樣，血本無歸。後來東湊西借，又經營起當時頗具前景的海產店。做生意哪裡這麼容易，就算起初每天高朋滿座，也容易因為經營管理不善而走上關門大吉之路，就這樣本來只是銀行積蓄付諸流水，現在不但手頭上沒錢還負債累累。

走投無路之下，剛好有位朋友提起有鹹酥雞商家願意讓人加盟，想不想試試？當初也只是抱著去看看，玩玩的心態，開玩笑，我陳某怎麼可能去擺路邊攤過這種沿街叫賣的日子？所以在試吃樣品之後即使覺得味道不錯，還是拒絕了朋友的好意。只是這樣，日子還是要過，在進退不得，無專業技能又負債的情況下，現在身為鹹酥雞老闆的陳先生曾想過乾脆找一個穩定的班上好了，但無文憑的他如果幸運的話找一份月薪2～3萬的工作，那400多萬的欠債要何年何月才脫的了身呢？就這樣，面子拉下來，尊嚴放一邊，賣鹹酥雞就賣鹹酥雞吧！大概是好勝不服輸的個性使然，陳老闆抱著只許成功不許失敗的決心，「我要客人只要吃過我的產品之後，就一定會一直吃下去。」這股堅定不移的意志力讓陳老闆果然研發出美味可口，汁多肉鮮，大概是全台北市最好吃的鹹酥雞了。

還覺得擺路邊攤丟人嗎？「怎麼會？它不但幫我很快的還清債務，而且改善了我的生活。」陳老闆滿足的笑著說。

心路歷程..........第一天營業，從頭到尾頭都低低的

既然作了決定，陳老闆真的開始全力以赴，因為從小在內湖長大，便決定從附近的3個市場中選出一個最適當的地點，最後還是請太子爺幫忙的呢。不過現在看來，太子爺還真的幫了陳老闆一把呢！從第一天開張生意就好得不得了，當初也因在騎樓下需常常跑警察，人紅招人忌，他跑警察的次數又比別攤多，後來才和隔壁的肉圓合租了一個小店面，七三分帳，因為他的營業時間較短且只有極少數的客人會坐下，大部份都是買了就走。至於口味呢？一直都沒變嗎？當然不是，陳老闆說他也是研究了2年，才調製出現在的秘方；另外還有一些小偏方，像他絕不賣海鮮類的食物，因為海鮮類會破壞油的口感，這些都是需要自己摸索一陣子才瞭解的。想想以前出門時大家都是陳董前陳董後的，「第一天推出去的時候從頭到尾頭都是低低的。」陳老闆慚愧的表示，也許以前的專業，讓他有了記帳的好習慣，成功真的並非偶然吧，對於數字極度敏銳的陳老闆一直到現在都還留有8年來每一天進貨、出貨的帳本喔！

真的沒有任何遺憾嗎？仍是孤家寡人的陳老闆現在最需要的大概就是能有位賢妻幫他持家吧！「現在大部份的女孩子都無法認同這個行業，工作辛苦又要長時間站在油鍋邊」，但筆者倒還真的覺得陳老闆是位英俊、肯上進，體貼又多金的男人喔！各位40歲以下且自認賢慧的女性請趕快來電吧！

開業齊步走..........

攤位如何命名？

『雞將』其實是貨源提供商的名字，沒有特意的選擇或改變，但如果你知道每天都有客人特地從松山或天母來到內湖為的只是品嚐陳老闆的鹹酥雞，那一塊招牌也真的沒什麼大不了。「想抓住客人的心，一定要先抓住客人的胃。」陳老闆頗為自豪的表示。

地點選擇？

當然除了太子爺寶貴的意見外，麗山市場本身也絕對是一個黃金地段，附近聚集了不少小學、國中、高中、補習班，再加上附近的居民，大概從下午4點開始一直到午夜12點都是人聲頂沸，比起江南市場或湖光市場，絕對佔些許優勢。

租金？

之前在騎樓下每個月貼給二房東一萬多塊，其實一般差不多只需補給店家數千元水電即可，但因麗山市場為黃金地段，所以租金較高。後來因為警察經常取締，陳老闆則和隔壁的肉圓合租了一個小店面，七三分帳，陳老闆分攤三成，差不多2萬7左右。

硬體成本？

陳老闆的攤車是同貨源供應商訂購的，品質還算不錯，差不多7萬多元，其實可在環河南路一帶選購，價錢由2，3萬到數十萬元都有，冰箱則是一般電器行都可買到，中型的價格在1萬多到2萬之間，至於數量則看存貨量大小為決定準則。其他鍋碗瓢盆所費差不多2萬塊，一樣可在環河南路一帶購全。

人手？

本來只是陳老闆一個人經營，但後來實在太忙了，則以時薪100元請了一個人，但陳老闆表示，其他人真的幫不上什麼忙，因為炸東西的確是門功夫，必須自己來，自己收錢，所以工讀生頂多在老闆炸完之後幫忙裝袋而已。

客層調查？

由於附近學校衆多，從小學、國中、高中到各式樣補習班都有，所以陳老闆的客源大多以學生為主，附近的住家也佔了大部份，放學時間接著下班時間、晚餐，再下來補習班下課，一直到宵夜，所以從下午4點開始營業一直到夜間11點半左右，人潮都從未間斷過，還有一小部份固定的客源則是從鄰近地區如松山、天母特地來的，他們都是在試過一次陳老闆的手藝之後便從此著了迷的呢！

人氣項目？

除了鹹酥雞之外，陳老闆最引以為傲的就是他的香雞排了，現炸的香雞排，外酥內嫩，一口咬下去，雞汁是立刻溢出來喔！你相信嗎？陳老闆的香雞排一天可以賣到350片上下，絕對是不同凡響。至於鹹酥雞，一天差不多可賣5～6袋，1袋約5斤上下，價格在300元左右，差不多5天進一次貨，貨的來源也是跟固定配合鹹酥雞的廠商同一家，不過當然啦，下鍋前還是會先加入陳老闆的秘方喔！

營業狀況？

由於現在的生意算是非常良好與穩定，因此陳老闆每五天就大量進一次貨，一直有固定配合的商家。以一袋已醃製過的雞胸肉為單位，一袋5斤，價格為300元，一天差不多可銷5～6袋，當然下鍋前陳老闆還會加入自己調製的中藥秘方，其實陳老闆也試過到市場裡買雞胸肉回家自己切片醃製，但後來因實在太麻煩費時費力而作罷。炸雞粉也有固定的供應商，一包10斤，180元，裡面含有太白粉、地瓜粉、玉米粉及其他的香料；至於胡椒鹽和辣椒粉則是一般雜糧行都買的到。

未來計畫？

陳老闆其實有開分店或邀人加盟的計畫，但因本身要求嚴格，即使像灑多少胡椒鹽都挑剔的個性，他實在不願意為了賺錢而破壞了自己的品質與招牌。那開班授徒呢？陳老闆表示他其實已有好幾位高徒了，且這些學生現在都有非常不錯的成績，所以看官們如果真心想學、想賺錢，那請趕快聯絡陳老闆吧！至少2個月的實習，陳老闆也保證1年之後新手絕對可以得心應手。

雞將陳老闆

老闆給菜鳥的話..........

當然除了心要專不要半途而廢之外，既然做的是小吃的生意，那獨特的口味便是最重要的一環了，陳老闆在訪談當中多次提到「抓住人心，必須先抓住人胃。」的道理，除了製作過程充滿學問外，千萬不要因為想節縮成本而限制用料。另外就是一定要學著記帳，即使麻煩些，也一定要知道每天的營業額，定期做檢討，才會進步。

數字會說話？

項目	數字	說說話
開業年數	8年	
開業資金	約10～12萬元	簡單的攤車，冰箱等冷藏設備和鍋碗瓢盆等
月租金	2萬7	店面一小部份，無座位
人手數	2人	由陳老闆本人外加一個工讀生歐巴桑
座位數	無	
平均每日來客數	約250～350人	
平均日營業額	約15,000～20,000元	視季節及來客數而定
平均每日進貨成本	約11,000元上下	
平均每日淨利	約6,000～8,000元	視季節及來客數而定
平均每月來客數	約9,000～11,000人	視季節而定
平均每月營業額	約45～50萬元	
平均每月淨賺額	約20～25萬元	
營業時間	4:00PM～11:30PM	
每月營業天數	約25～26天	
公休日	每週日	

製作方法

1

剛買回來已醃製過的鹹酥雞

2

陳老闆加入自己的秘方之後冷凍，使之入味。

3

解凍後的成品沾上炸雞粉，準備下鍋了。

4
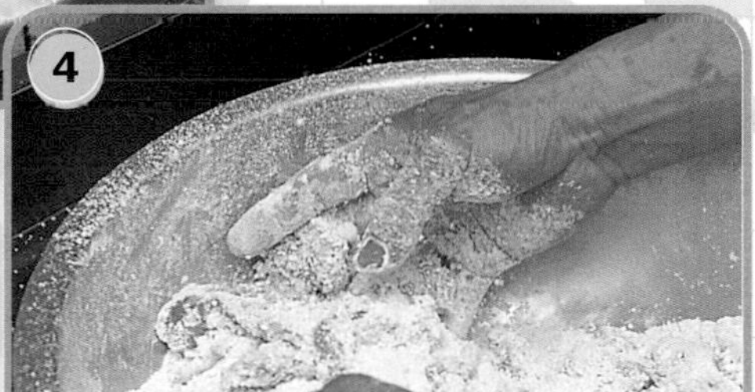

將炸粉拌勻，鹹酥雞才能香酥脆。

製作方法

以中火慢炸，不時翻面。

將炸好的鹹酥雞撈起、瀝油。

鹹酥雞成品。

招牌炸雞排醃製後，押裹上炸雞排。

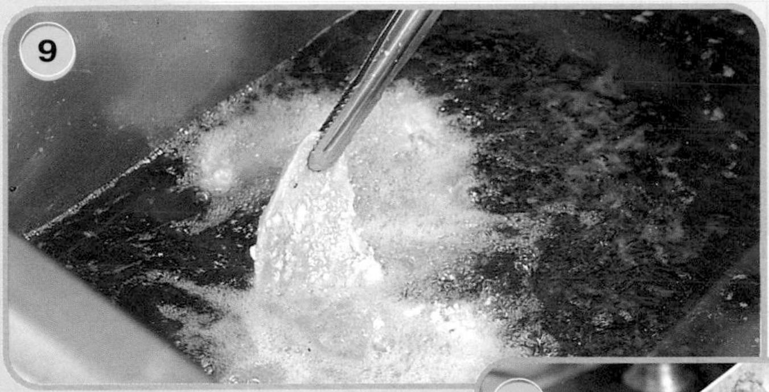

放入油中泡炸。

將炸好的雞排撈起、瀝油。

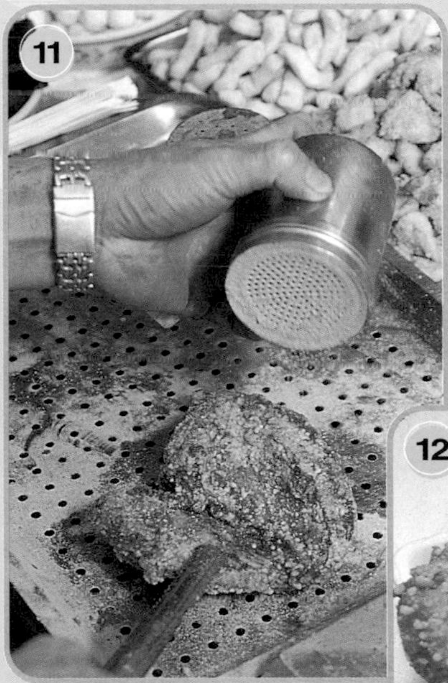

灑上胡椒粉及辣椒粉。

炸雞排成品。

美味DIY..........

材料

1. 雞胸肉　2. 炸雞粉　3.淡色醬油　4. 香油
5. 蒜泥　6. 米酒　7. 糖　8. 五香粉
9. 胡椒鹽　10. 辣椒粉　11. 上等蕃薯　12. 甜不辣
13. 脆丸　14. 米血　15. 洋蔥圈　16. 馬鈴薯餅
17. 玉米餅　※以上食材均酌量

哪裡買？多少錢？

項目	份量	價錢	備註
雞胸肉	1斤	12元	
炸雞粉	一包10斤	180元	內含太白粉、地瓜粉、玉米粉、及少許五香粉。
胡椒鹽	1兩	10元	
辣椒粉	1斤	120元	
香油	1瓶	180元	
淡色醬油	4公斤	140元	炸起的雞排才不會焦黑
蒜	1斤	42元	
米酒	1瓶	22元	
上等蕃薯	1斤	15元	
甜不辣	1斤	35元	
脆丸	1斤	100元	
米血	1條	35元	可切成30小片，即3份賣75元
洋蔥圈	1包	160元	
馬鈴薯餅	1包	190元	
玉米餅	1包	140元	

製作步驟

1. 前製處理

炸雞排

(1)先將雞胸肉去除多餘的油脂。

(2)將雞胸肉放入調有米酒1大匙、蒜泥1大匙、香油1大匙、淡色

醬油1/4杯跟糖1大匙的醬汁中，醃漬一個小時以上，待醬汁完全滲進肉裡即可備用。

(3)將醃漬過的雞肉沾上炸雞粉。

鹹酥雞

(1)將雞肉1 斤切成小塊。

(2)將小塊雞肉放入調有米酒、蒜泥、淡色香油、醬油跟糖的醬汁中（同雞排），醃漬一個小時以上，待醬汁完全滲進肉裡即可備用。

(3)沾上蕃薯粉，平均拌勻。

(4)抖掉未附著的蕃薯粉，放入110℃的油中泡炸。

(5)並將雞塊用夾子一塊塊夾分離，確保雞肉都炸透了。

(6)待鹹酥雞表面呈淡褐色即可撈起備用。

炸薯條

(1)將上等蕃薯削皮、洗淨，切成長條型。

(2)泡上鹽水避免蕃薯切口氧化變黑，影響賣相。

(3)將炸粉混水調成漿。

(4)將蕃薯水瀝乾，倒入炸漿中充分攪拌。

(5)撈出已沾上炸漿的薯條，放入油鍋中炸。

(6)將每根薯條用夾子分離，避免沾黏，以確保每根都炸熟了。

(7)油溫130℃，約炸10分鐘。

(8)撈起瀝油備用。

其他

(1)甜不辣、脆丸洗淨；米血切成小片；洋蔥圈、馬鈴薯餅、玉米球為現成的製品，只需解凍炸熟，備用即可。

2. 後製處理

炸雞排

(1)將醃製的雞排壓扁，緊裹上炸雞粉（一定要壓緊，避免酥粉與雞肉分離）。

(2)約5分鐘後放入油溫130℃的油鍋中翻炸。

(3)約4～5分鐘後（視雞排大小而定），兩面金黃色即可撈起、瀝油。

(4)灑上特調胡椒粉、辣椒粉即可食用。

攤位外觀

鹹酥雞

(1)炸成金黃色，即可撈起。

(2)灑上調味料即完成。

炸薯條

(1)加熱炸約1分半。

(2)灑上調味料即完成。

甜不辣、脆丸

(1)約炸1.5分鐘（甜不辣要炸到酥泡）。

(2)灑上調味料即完成。

米血

(1)炸至兩面呈酥脆狀，約2分鐘。

(2)灑上調味料即完成。

洋蔥圈、玉米球

(1)炸至金黃，約2分鐘。

(2)灑上調味料即完成。

馬鈴薯餅

(1)炸至金黃，約3分鐘。

(2)灑上調味料即完成。

※油溫控制在130℃。

3. 獨家撇步

鹹酥雞好吃的關鍵在於油溫的控制，及胡椒粉的調味。將油溫控制在130°左右，視不同產品分別給予不同時間的油炸。胡椒鹽加入少許甘草粉及五香粉會更香哦！

你也可以加盟……

如果你自認是一個對自我要求嚴格，真心想做一個賺大錢的人，請快與陳老闆聯絡，他會很樂意幫忙你的；但如果你只是想暫時找份工作，賺點現金，那我勸你還是算了吧，因為陳老闆絕對是一個對自家產品非常執著的人，對那些想混的人，他可不會輕易的透漏傳授他多年的心得喔！

美味DIY小心得

劉備水煎包

劉備水煎包的至理名言
高麗菜包是招牌
韭菜包是金牌
肉包是王牌

美味紅不讓	特色紅不讓
人氣紅不讓	地點紅不讓
服務紅不讓	名氣紅不讓
便宜紅不讓	衛生紅不讓

店齡：2.5年好味
老闆：廖先生
年齡：30歲
創業資本：30萬元
每月營業額：約35～40萬元
每月淨賺額：約20～25萬元
產品利潤：約6成
營業地點：台北市內江街23號
營業時間：6:00AM～6:30PM
聯絡方式：（02）2314-8528

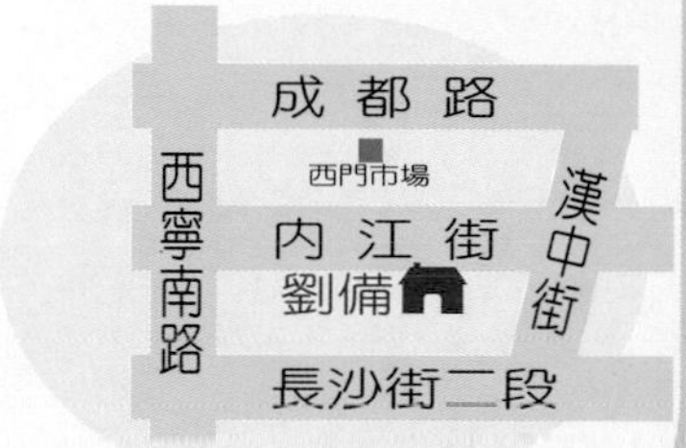

料多實在味道好，笑臉迎人生意佳.........

不誇張，這裡的水煎包可是料多實在，好的沒話說，而且還有好相處的老闆，他的人緣可是和生意一樣好的呱呱叫，年輕有為的他在短短2年半之中成立3家店，我想也是因為「和氣生財」的緣故，才能夠將生意吐到這種程度；其實也因為這樣的熱忱和親切，成為許多主顧客頻頻光臨的主因。說不定好運氣的你在光顧時，會收到廖先生很阿沙力的免費金牌肉包喔！

話說從前.........門外漢勤補習，現擁 3 家分店

原本愛吃水煎包的廖先生，因緣際會而辭去上班族的一般事務工作，先到小吃補習班花了2萬元的學費，上了一個早上的水煎包相關課程，接著就頂下原本工作地點附近的店面開始做起生意。廖先生一直隨著客人的意見改變材料與口味，再加上這裡每天早上車水馬龍來來往往的上班族，原本只有1坪大的店面現在已經不敷使用。在經過5個月的時間之後，『劉備水煎包』順勢擴展到坪數有6、7坪左右的隔壁店面；而在今年2、3月也分別在合江街和市民大道與延吉街口處再開了2家店，分別由廖先生自己與太太的妹妹來經營。

標榜新鮮材料和便宜價位的水煎包和豆漿，是店內的2大主力商品，因此大部分的消費客人也都一試而成主顧，甚至還常常有客人每天固定外帶同樣口味的水煎包，好像怎麼也吃不膩。而且店內的生意興隆，再加上廖先生做生意一向秉持著有錢大家賺的好心原則，使得身邊的親戚朋友們也都紛紛心動，跟著廖先生的腳步邁向當老板的第一步，成績也都真的很不錯，甚至就連附近的鄰居也都比照他的模式，在最近做起一模一樣的生意。廖先生每天早睡早起的生活作息，以及不需刻意上健身房所消耗的運動量，他們一家人都覺得身體也比以前來得健康了，而這可是連金錢也買不到的好處呢。

老闆廖先生

心路歷程.........刮風下雨、春夏秋冬一本初衷！

由於從事水煎包小吃並不需要太大的店面空間，因此如何選好營業地點與時段，就成了生意成功與否的秘密絕技；像是廖先生所直接或間接經營的3家水煎包店，面積大約佔6~7坪，不過當初他在尋找店面的同時，曾經花費許多時間與心力實地觀察來往人潮與車輛的多寡，才決定好合適的營業時段，當然他也曾經面對許多意料之外的突發狀況，但是藉由這類的經驗吸收，而在下一次開新店面的時候改進，才能在如此短的時間之內達成令人羨慕的業績；而且為了在尖峰時段（尤其是在清早各路人馬趕著上班上學的洶湧時刻）能夠立刻依照顧客所需的數量打包走人，使得廖先生與他所聘請的工讀生，個個練就一身熟練的煎技本事，除此之外還得隨時應付突發狀況現包、現煎、現裝，種種技巧缺一不可。雖然從事小吃業的辛苦絕對不在話下，不但工作時間超長，還得忍受天氣自然變化的試煉，夏天時得待在熱騰騰的鍋爐旁煎的滿頭大汗，到了冬天也得在寒風刺骨的不甘願心情中，照時鐘起床工作；但是大致上只要不受天氣不穩定而影響生意的營收，儘管是小本生意，每天以現金入帳的收入，在生活上實在匱乏無虞了。

開業齊步走...........

攤位如何命名？

電玩遊戲三國誌曾經讓無數的男生狂打不已，當然除了以智慧破關的高手榮耀之外，也順理成章的學到不少歷史上的重要事件，廖先生就因為包子是在三國時代發明的歷史根據，或許還帶著對於這個遊戲的記憶與懷念，因而取了這樣別樹一幟的水準店名。

地點選擇？

店面外觀

其實一開始在內江街的店面並沒有經過太多的評估就成立了，卻因為佔了地利之便，緊臨著道路周邊，所以十分方便許多開車或是騎車的顧客們免下車外帶。不過愈做愈好而努力擴張事業版圖的廖先生，在接連的2家店都刻意評估周邊狀況，不過有一些問題卻還是會等到營業之後才浮現或產生；大致上來說，選對正確的時段與客層，可是遠比尋找一個有模有樣的店面來的重要許多。

租金？

目前在內江街的店面大約6~7坪，每個月所需花費的租金約20,000元，租金雖不低，但是卻正巧能夠容納目前營業狀況所需

要的周邊設備，同時也能在生意時十分忙碌之時，隨時現做現賣，以免因為發生來不及供應的狀況而平白流失許多已經上門的顧客。

硬體成本？

在環河南路一帶都可以買得到所需的器材設備，不可缺少的和麵機一台大約要15,000元，而冷藏內餡等材料的大型冰櫃，市價約在25,000～35,000元之間，至於一般的擀麵用工作檯與煎鍋，則需要花上10,000～20,000元不等，完全視營業狀況所需要的煎鍋數量而定，當然也記得要多走幾家比價，碰碰運氣。

人手？

只要是在超繁忙的上班時刻（7:00AM～9:30AM），店內的人手絕對不少於3～4人，以應付川流不息的顧客要求，目前廖先生以2位正職人員負責製作與煎煮，2位工讀生則負責包裝，分工合作。正職人員月休4天，薪水則視對工作的熟練度，介於25,000～30,000元；工讀生的時薪每小時約在80～100元之間，每次輪班需工作4小時。

客層調查？

由於一清早就開始營業，因此廖先生的客人大部分都以上班族或是學生為主，而騎車或是開車經過購買，藉以節省時間的顧客又占多數。至於下午時段則是以點心時間的方式，加減賣給一些住在街頭巷尾的鄰居，或是附近上班族在下午茶時間當作點心消費之用。

人氣項目？

廖先生自稱自家水煎包：「高麗菜包是招牌，韭菜包是金牌，肉包是王牌」，雖然是半玩笑話，不過的確有不少客人在吃過他們的肉包之後就愛上了。廖先生知道客人都不愛吃肥肉，他除了去試吃其他同樣出名的水煎包的味道，也花了一番功夫將肉包改良成人嚐人愛，接近大衆口味的味道，再加上廖先生所使用的麵糰發酵方式跟一般麵包類似，因此口感也有所不同，他可是敢拍拍胸脯保證大家絕對會一試成主顧呢！

營業狀況？

從初營業時廖先生逐步摸索了大約2、3個月的時間來製作好吃的水煎包，除了虛心接受客人意見，廖先生視每個客人宛如自己的親朋好友一般，也是讓許多顧客對他的水煎包絕對死忠的原因；再加上他們的水煎包和豆漿完全都是以新鮮材料製作，同時單價又低，不論水煎包和豆漿一律10元的優惠價格，都成了他們生意興隆的其中原因。而且廖先生也十分堅持絕對不賣冷掉的水煎包，所以他們在一開始不穩定的營業狀況之下，還曾經可惜的丟掉不少包子，不過卻也為他們的品質打出響亮的名號。接著廖先生也打算端看營業狀況的穩定程度及成本回收的速度，再接再厲的多開幾家分店，夠順利的話甚至還希望能夠拓展至100家的驚人數目呢。

未來計畫？

其實對於餐飲業一直擁有極大興趣的廖先生，從事水煎包小吃，只能算是他事業版圖的一小步而已。如果在未來有機會的話，他還想涉足連鎖餐飲事業，或許是結合休閒度假屋與啤酒屋的模式，再闖一番事業，成為未來的餐飲大亨也說不定。

數字會說話？

項目	數字	說說話
開業年數	2.5年	營業有成，生財有道
開業資金	約30萬元	含設備、租金、押金
月租金	2萬元	緊鄰馬路，大約6～7坪
人手數	4人	正職人員2位，工讀生2位 月休4天
座位數	無	均以外帶形式販售
平均每日來客數	包子約1,000個 豆漿約150杯	約略推估
平均日消費額	包子約10,000元 豆漿約1,500元	約略推估
平均每日進貨成本	約3,000～4,500元	
平均每日淨利	約8,000元	
平均每月來客數	包子約25,000個 豆漿約3,750杯	約略推估
平均每月營業額	約35～40萬元	
平均每月淨賺額	約20～25萬元	
營業時間	6:00AM～6:30PM	視狀況有時週六營業半天
每月營業天數	約25天	
公休日	每週日	

製作方法

韭菜餡製作：麵皮、冬粉、韭菜、豆干丁、蝦米。

高麗菜餡製作：高麗菜、紅蘿蔔、粉絲、豆干丁

擀成水煎包麵皮

包入水煎包內餡

Know-how

製作方法

依序放入水煎包

將水煎包稍做外形整理

加水煎煮

灑上芝麻後起鍋

老闆廖先生

老闆給菜鳥的話...........

做小吃業最辛苦的地方在於工作時數比起一般人長許多，而且也無法穿著的光鮮亮麗，因此除了必備的耐心之外，再來就是承擔風險的堅強意志與基本認知，得看老天臉色吃飯的小吃業，絕對沒有一蹴可幾的賺錢之道。小吃成功的祕訣除了慎選地點之外，不斷地推陳出新，以好口味來養顧客的胃，才是老店持之以恆、屹立不搖的法寶。如果一開始是由夫妻或是情侶檔的身份來創業，更需齊心一意的為賺錢打拼，並且加倍以寬容與體諒的態度來和對方相處，否則因為時時刻刻相處而頻生摩擦，繼而反目成仇，可是絕對得不償失。

美味DIY...........

材料：

1. 高麗菜2斤半
2. 韭菜2斤半
3. 五花絞肉5斤
4. 蔥2斤半
5. 中筋麵粉10斤（1斤約可做出40粒）
6. 酵母菌一大匙（1斤麵粉約1大匙）
7. 冬粉絲1斤
8. 豆干1斤
9. 紅蘿蔔1斤
10. 蝦皮4兩
11. 黑芝麻少許
12. 白芝麻少許
13. 肉餡調味料（醬油、胡椒粉、鹽、天然麻油、味精少許）

哪裡買？多少錢？

廖先生建議以上材料均可到大型的批發市場購買，並且還可要求廠商以固定配合的方式送貨到府；至於廖先生目前則是和西寧市場中的廠商配合，以大量訂購的方式採買，並且與其他分店一起使用。

項目	份量	價錢	備註
高麗菜	1斤	8～50元	隨季節、產地波動
韭菜	1斤	25～30元	隨季節、產地波動
五花絞肉（瘦肉）	1斤	50～55元	
蔥	1斤	40～80元	隨季節、產地波動
醬油	1桶	140～150元	
胡椒粉	1盒	70～80元	
天然麻油	1桶	200元	
味精	1盒	250元	
中筋麵粉	22斤（袋）	290元	
乾酵母菌	50克（包）	130元	1包/130元
冬粉絲	3入　（包）	20元	
豆干	1斤	15元	
蝦皮	1斤	55元	
黑芝麻	1斤	40元	
白芝麻	1斤	40元	
醬油	4公斤	140元	
胡椒粉	1斤　（包）	80元	純/160元
鹽	24包/1箱	335元	
味素	12包/1箱	450元	

製作步驟：

1.前製處理

麵皮

(1)麵粉10斤加5斤水（1斤麵粉半斤水）

(2)將乾酵母粉調溫水熔化後（天氣熱的話，酵母菌放的愈少）。

(3)倒入中筋麵粉中，加入少許的鹽、奶粉提味。

(4)一起揉成糰狀，約半小時後麵糰即發酵成原來的2倍大。

(5)放一夜醒麵至表面成光滑狀即可成麵糰。

肉包內餡

(1)將五花絞肉5斤（1斤麵皮半斤肉）摔打成較有彈性。

(2)加入已清洗好並切成蔥花的青蔥1斤4兩（1斤肉約4兩蔥），攪拌均勻。

(3)加入鹽、味精、麻油、胡椒粉及少許的醬油調味。

(4)放入冰箱冷藏一夜入味，即可備用。

韭包內餡

(1)材料：韭菜2斤半、冬粉半斤、蝦皮4兩（用來提味）、豆干丁半斤。

(2)將韭菜洗淨切細。

(3)冬粉用冷水泡軟後切細。

(4)豆干洗淨切成小丁。

(5)蝦皮用油爆出香味。

(6)將(2)(3)(4)(5)⋯混合。

(7)加入鹽、味精、麻油調味，即可備用。

高麗菜餡

(1)材料：高麗菜2斤半、紅蘿蔔絲1斤（配色）、冬粉半斤、豆干丁半斤。

(2)將高麗菜洗淨切細。

(3)紅蘿蔔刨成絲。

(4)冬粉用冷水泡軟後切細。

(5)豆干丁洗淨切成小丁。

(6)將(2)(3)(4)(5)⋯混合。

(7)加入鹽、味精、麻油、胡椒粉調味，即可備用。

2.後製處理

包

(1)將發酵過的麵糰揉成長條狀（需適時的灑些乾麵粉，避免沾黏）。

(2)將麵糰一小塊、一小塊撕下或切開、壓扁（需適時的灑些乾麵粉，避免沾黏）。

(3)用擀麵棍擀成小圓皮。

(4)包入適量不同口味的餡料。

(5)以摺狀旋轉方式將煎包的口封好。

煎

(1)先將平底鍋抹油加熱。

(2)依序排入包子（包子與包子之間需留些間距。包子熟後，會膨脹，不致黏成一團）。

(3)將水煎包稍作外型的捏理（起鍋後賣相會較佳）。

(4)加水至煎鍋的7～8分滿。

(5)蓋上鍋蓋煎煮約7～8分鐘。

(6)起鍋前淋上少許的沙拉油。

(7)灑上芝麻。

(8)起鍋時，煎鏟先從中間鏟起1、2粒水煎包後，再從空隙陸續鏟起，以避免煎包破掉，影響賣相。

3.獨家撇步

(1)肉餡冰過之後較具黏性，比較容易包住。

(2)灑芝麻可增加香味及美觀。

你也可以加盟...........

聯絡電話：2314-8528

加盟方式：自由加盟

項目	數字	說說話
創業有年	2.5年	完全白手起家
創業資金	30萬	含所有設備、材料、租金
保證金	不定，面洽	
權利金	無	
契約期	無	視商家經營多久而定
生財器具	5～10萬元	攤車、煎鍋、爐具、冰箱
拆帳方式		每月商家僅需支付材料批發費用
平均每月來客數	不一定	視地點而定
平均每月營業額	不一定	視地點而定
每月進貨成本	不一定	視地點而定
平均每月淨利	約5成	但仍須視地點、人事成本而定
營業時間		由商家決定
所需員工數	2～3人	視營業時段而定
菜鳥充電期	不一定	視個人狀況而定（老闆全力配合）
後援提供		僅材料部分
物料供給		韭菜、高麗菜、肉餡、水煎包皮
現加盟攤數	3家以上	延吉街、合江街...
代表性攤家	劉備水煎包	謝小姐 延吉街、市民大道口

美味DIY小心得

MEMO

老店廣東粥

粥品慢火細細熬 滑、潤、舒、爽

老店廣東粥 淡江第一粥

美味紅不讓	特色紅不讓
人氣紅不讓	地點紅不讓
服務紅不讓	名氣紅不讓
便宜紅不讓	衛生紅不讓

店齡：10多年老味
老闆：黃先生
年齡：50歲
創業資本：約10萬元
每月營業額：約45萬元
每月淨賺額：約23萬元
產品利潤：約5成
營業地點：淡水鎮仁愛街13號
（近淡江大學英專路上）
營業時間：5:00PM～1:00AM
聯絡方式：（02）2623-5766

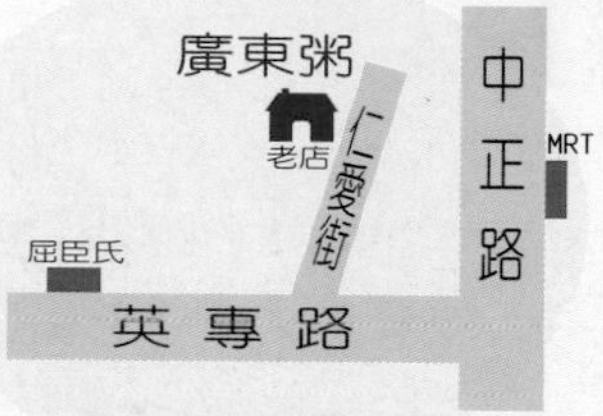

家喻戶曉的古早味，風靡淡江.........

廣東粥在古早時代，是老一輩的爺爺奶奶們所稱的八寶粥或是雜菜粥；而說起這家位在英專路上一條小巷中的廣東粥老店，只要是附近居民或是淡江大學的學生，絕對是無人不曉，當然口味比起許多近年來才竄起的連鎖加盟店，自成一格，也多了幾分台灣人所熟悉的道地古早味，否則老闆也不敢自信滿滿的以『老店』這樣的字眼自稱了。

話說從前.........23年小吃店打滾，廣東粥品定江山

本籍嘉義人的黃老闆，從事小吃類生意已經有23年的時間，可說是在熟練不過的箇中老手。他在20歲左右的年紀上來台北打拼，當時找了一個朋友一起做生意，像是炒飯類、燴飯類、煮麵等跟小吃有關的手藝他都嘗試過，不過在當時雖然已經知道廣東粥的作法，他卻沒有認真考慮當一門長久的生意來做，只能算是多會一樣就多賣一樣加減著賺；一直到後來因為油煙太多的關係受到鄰居些許的抱怨，他那時才認真考慮選擇一門專業小吃來長久經營。當時老闆因為定居淡水，又認為英專路上有當時尚未改制的淡江大學學生可帶來的人潮，於是這幾年來一直都在這一帶做生意，因此招牌上也才會有英專路老店這樣的名稱。

而黃老闆也很用心，在幾年前景氣佳、生意好、生活無虞之時，三不五時都會到香港和大陸去見習各地的廣東粥口味，不下十來趟，不過他個人並不習慣香港廣東粥那種米磨過後再加粉的米糰式粥品，因此經過不斷的調味改良，在根據客人百百種的不同喜好，而奠定了這種符合台灣人飲食習慣的粥品菜單：皮蛋瘦肉粥、海產粥（又可細分為蚵仔、蛤蜊、蝦仁、吻仔魚）、豬肝粥、青菜粥、及綜合式的廣東粥。

心路歷程………“麥夠搬ㄚ啦！”搬來搬去，廣東粥照樣賣翻天

從黃老闆開始在淡水英專路上賣廣東粥以來，最令他苦惱的是這幾年來因為房租調漲或是道路建地的關係，店面已經遷移了7、8次之多，雖然怎麼搬都還是在這一區附近，但因搬遷次數過於頻繁，房租也跟著三級跳，對於實際的月收入，荷包也失血不少。黃老闆曾經在生意全盛時期，儘管當時只有一種簡單的綜合廣東粥，但客人都搶著排隊等著買粥，平均每天營業7個小時就可以賣出一千碗左右；不過物價和房租上漲的速度，永遠高過他們拼命做生意所賺的血汗錢，加上現在景氣這麼差，不但營業額縮水了1/3之多，客人排隊買粥的盛況不再！而且小吃的選擇性愈來愈多，也瓜分掉他們原來不少的客源，因此他們現在也會在中午用餐時段兼著賣粥，以吸引些上班族及學生的客群，來增加收入。

不過黃老闆在自家口味的評分上倒是頗為隨緣，儘管附近一帶也有類似的競爭對手，他卻認為每個人對於口味的習慣和選擇都有所不同，只要是喜歡老店口味的客人，絕不會輕易變心；而他也從客人們慣於挑剔的口味中設計了現在的這套menu，從一開始只有一種簡單的廣東粥，到現在可以讓愛吃肉、海鮮或是吃素的客人一應俱全的選擇，不過目前還是以綜合廣東粥和皮蛋瘦肉粥2種最受顧客歡迎。

開業齊步走..........

攤位如何命名？

黃老闆就是在英專路做生意的那段全盛時期，而取了『老店廣東粥』這個店名，一直到後來就算換了幾個營業地點，在招牌上附註英專路老店，那些已經吃了熟到不行的客人立刻一目了然，就算是遠道而來的新客人也不需要一頭霧水的尋沒人了。

地點選擇？

一開始黃老闆看中的是淡江大學學區一帶的潛在學生顧客群，而當時在英專路和山上校區一帶，還沒有像現在那麼發達，能夠選擇的好吃商家並不多，加上外地來的學生都還十分喜歡他們的口味，因此生意的確不錯。不過現在許多小吃攤如雨後春筍般愈擺愈多，對他們的客源一定有所影響。

店面外觀

租金？

黃老闆在目前這個地點做生意已經第4年，每月的租金是3萬元，雖然十分接近熱鬧的英專路，不過除非是老主顧，一般觀光客很少會走到裡面來尋找小吃，但是礙於成本，光是英專路上每個月嚇死人的高額租金就讓他們退避三舍，只是接下來聽說現址又即將有道路拓寬的計畫，到時候又要辛苦的尋找合適的地點才行。

硬體成本？

因為一開始做的就是小本生意，當時黃老闆煮粥所需的鍋具，就在附近的五金行購買，而其他相關的爐具都是向瓦斯行購買，當然他們也建議可以問問現在一些專門賣廚具類的廠商，或許還可以拿到不錯的價錢。不過他覺得現在如果想要賣粥的話，創業基金至少得準備10萬元（租金不列在內）。

人手？

凡是習慣事必躬親的黃老闆和黃太太，也因為已經做了這麼多年的習慣已成白然，總覺得什麼樣的烹煮方式和材料調配都不放心交給自己的小孩幫忙，深怕口味因此有點差別，而壞了『老店』的招牌。除此之外，黃老闆還負責每日食材的採買工作，凡事親力親為。

客層調查？

一直以來做的都是淡水一帶居民和學生的生意，他們或許每天捧場，或許每週在固定時段報到，而這些客人多半以外帶方式購買；不過自從小吃類的相關採訪報導開始盛行，在假日時從外地來的遊客變多了，但是黃太太覺得客人都會有種觀察心態，像是這些偶爾來此遊山玩水的客人往往會視店內是否高朋滿座的情景來定義這家店的美味與否，所以真正能夠識貨的遊客畢竟還是少數。

人氣項目？

店內目前一共有12種菜單以供選擇，除了瘦肉粥的定價45元，其他類粥品一律都是50元定價，如果要再加其他種類的話就多10元；大部分以海鮮類為主，黃老闆認為這些材料會讓粥品的味道更加鮮美，不過還是以最為大衆化的皮蛋瘦肉粥和綜合廣東粥最受青睞。

營業狀況？

雖然目前已經無法像以往全盛時期，每月營業額高達40～50萬，再加上材料費用節節高漲，黃老闆儘管唏噓不已，卻還是很認份的盡量在營業時間內多做一點生意；除此之外，如何降低材料成本也是一門重要的技巧與學問，他建議想要從事小吃業的人可以多去台北果菜市場或是環南市場一帶等大宗的蔬果批發商比較，才能不吃虧的節省進貨成本。至於他每日的營業額有多少，黃老闆實在不太願意透露，只是他覺得以目前的景氣狀況來說，每個月如果能固定維持在大約10多萬元（老闆保守的說）的營業額，就已經算是老天有保佑的數字啦！

數字會說話？

項目	數字	說說話
開業年數	10多年	一直以來都在淡水英專路一帶
開業資金	約10萬元	目前想開業最少需要準備這麼多喔
月租金	3萬元	如果在人潮聚集的夜市或商圈就不只這個價位了
人手數	2人	夫妻一起來
座位數	約30人	但外帶客人較多
平均每日來客數	約300碗	約略推估
平均每日營業額	約15,000元	
每日進貨成本	約5,000元	
平均每日淨利	約8000～10000元	
平均每月來客數	約9,000碗	約略推估
平均每月營業額	約450,000元	約略推估
平均每月淨賺額	約230,000元	約略推估
營業時間	5:00PM～1:00AM	目前中午時段也有營業
每月營業天數	30天	農曆新年才休息
公休日	無	

ps. 上列營業額由於黃老闆不方便透露，故由可獲得的統計數字進行大略估計，只供作參考之用。

製作方法

將白米熬煮成粥底

白米粥成品

先舀入少許白米粥加熱

製作方法

廣東粥材料：瘦肉、豬肝、魷魚、蝦仁

分別加入所需材料熬煮

加入新鮮魷魚

加入脆鮮的蝦仁

烹煮至熟，待粥滾
加入蛋花

皮蛋瘦肉粥成品

未來計畫？

像黃老闆夫妻這樣的老實人，對於未來也沒想過太多，他們覺得只要身體狀況能允許，就會一直做下去吧！其實做這一行比想像中辛苦，像是黃太太的手也常因為洗米、洗材料的關係而裂開，每天晚上都得擦藥；或是夏天時緊依著熱滾滾的火爐旁，不但沒辦法享受涼爽的冷氣吹拂，額頭和身上的汗珠更是冒個不停，因為黃老闆夫妻都有一股莫名的使命感，所以並不以此為苦。他們做生意的認真，在口味調配方面的自我要求，也難怪附近的鄰居們就算從小吃到大也不會覺得膩。

老闆給菜鳥的話..........

黃老闆覺得做生意想要賺錢沒別的法子，除了耐心，就是勤勞。他說，做廣東粥不需要太多的技巧，除要試出令自己相當滿意的味道之外，再來就是要訓練熟練的煮粥，一遍一遍不怕吃苦；而且不論夏天、冬天，在什麼樣惡劣的氣候狀況之下，都要如本初衷的盡心盡力，一偷懶生意大概也就很難做得起來。

老闆黃先生

美味DIY...........

》》》》》》》》》》》》 材料：

1. 肉絲1斤
2. 豬肝1斤
3. 魷魚1斤
4. 蝦仁1斤
5. 蚵仔1斤
6. 小白菜1斤
7. 雞蛋1斤
8. 皮蛋（1箱200粒）
9. 油條約12根
10. 白米10斤（1斤米5斤水，1斤米約可作出5～6碗粥）
11. 蔥花1把

※黃老闆每天準備的量，約上述材料的5～6倍。

》》》》》》》》》》》》 哪裡買？多少錢？

黃老闆的材料都是在附近的市場內購買，因此一般人可以到傳統批發市場去採購以降低成本。

項目	份量	價錢	備註
肉絲	1斤	80元	隨季節、產地波動
豬肝	1斤	100～150元	隨季節、產地波動
魷魚	1斤	80～100元	隨季節、產地波動
蝦仁	1斤	100元	隨季節、產地波動
蚵仔	1斤	80～100元	隨季節、產地波動
小白菜	1斤	20～25元	隨季節、產地波動
雞蛋	1斤	20元	隨季節、產地波動
皮蛋	1粒	7元	
蔥	1把	10元	隨季節、產地波動
白米	1公斤	25元	池上米批發價
油條	1條	7元	大量訂購時

》》》》》》》》》》》》 **製作步驟：**

1.前製處理

清粥

(1)先計量所需要的米量並洗淨。

(2)加入適當的高湯，在大鍋中熬煮約2小時。

(3)加入鹽、味精調味成清粥備用。

配料

(1)肉、豬肝、魷魚切絲；蝦仁挑掉沙腸洗淨；蚵仔用鹽洗掉黏膜備用。

(2)小白菜洗淨切斷備用。

(3)油條剪成小段備用。

(4)皮蛋剪成小碎丁備用。

2.後製處理

(1)從大鍋中將清粥視份量舀至單柄小鍋中，以大火烹煮至粥滾。

(2)加入適量的食材配料，不斷翻攪至均勻，待整鍋粥滾後加入蛋花攪勻，熄火。

(3)盛入容器中，灑上蔥花、胡椒粉及已剪成小塊狀的油條，即完成粥品。

3.獨家撇步

(1)需不停舀動鍋中米粒以免結塊。

(2)廣東粥及海鮮粥中均有海鮮類的食材，在烹煮時應依順先放入肉絲→皮蛋→魷魚→豬肝→蝦仁等，避免海鮮烹煮過久而生老，影響口感。

你也可以加盟……….

目前黃老闆只指導過一些親戚朋友，目前都在南部地區做生意，除此之外他們並沒有打算收徒弟的意願，如果真的有意想要從事廣東粥的學習買賣，或許可以試試看和黃老闆本人洽談相關的可能性。

同心圓日式紅豆餅

傳統的台灣小吃 賦予新的風貌

一圈一圈

變成同心圓 圈出新口味

美味紅不讓	特色紅不讓
人氣紅不讓	地點紅不讓
服務紅不讓	名氣紅不讓
便宜紅不讓	衛生紅不讓

店齡：2年好味
老闆：陳文發先生
年齡：44歲
創業資本：約10萬元
每月營業額：約68萬元
每月淨賺額：約40萬元
產品利潤：約6成
營業地點：台北市復興南路1段133號
營業時間：12:00PM～8:00PM
聯絡方式：（02）2731-8425
0920-517738

日本車輪餅渡海來台，搖身一變台灣紅豆餅.........

初次在日系百貨公司的美食街中看到台灣傳統的車輪餅，被冠上另一個充滿異國風味的稱呼—『大判燒』，我才知道原來善於包裝的日本人，也能將看似再也平常不過的車輪餅賦予不同的風情；入口即溶的餅皮，甜而不膩；大而盈滿的內餡，口感實在；雖然每個單價高於市面上的販售價格的3倍，卻還是能夠吸引固定的人潮，一嚐究竟，逐漸在甜點類當中改頭換面，掙得令人難以忽視的一席之地了。

話說從前.........從失意到得意，從谷底到山頂

曾經在股市意氣風發一時的陳先生，當時在經營機車零件的相關生意時，或許從來沒有想到自己竟然會有從山頂跌落谷底的一天，幸好當他在一無所有的低潮時期，他的太太還是默默的陪伴到底，漸漸的從無到有，利用紅豆餅的事業東山再起。當初夫妻兩人因為喜愛吃紅豆餅，而決心試著創業，不過他們不光是準備幾種簡單的器材設備，模仿別人在路邊做起生意。畢竟是見過不少世面的生意人，陳先生特地研究日式的和果子作法，並且向正統的西點師傅學藝，就由陳先生的創意加上陳太太的手藝，而逐漸一步一腳印走出了事業的第二春。同時大膽選擇了兩個地點開業，陳先生也因此一起嚐到了甜頭和苦頭。

民國88年10月，陳先生在台北的中興百貨一帶和台北縣的深坑觀光區，開始做起了日式紅豆餅的生意，中興百貨由於上班族和逛街人潮所帶來的生意契機，著實為他們打開了知名度，但是相對在只有假日才湧入人潮的深坑地區，雖做出了口碑，對於營業收入卻少有助益。在過了1年左右的時間，陳先生和陳太太考量到中興百貨的店面已經不敷使用，因此就和忠孝SOGO百貨一帶做機車生意所熟識的朋友情商，而租下了目前的店面開始營業，至今人氣之旺，就連媒體也都搶著介紹，也因此闖出同心圓日式紅豆餅的名號，當然也締造了引人注目的排隊景況。

心路歷程………有包裝的紅豆餅，沙烏地阿拉伯也買得到喔！

陳先生一開始就打算以常常久久的企業化方式來經營日式紅豆餅的生意，除了虛心向專業的西點師傅求教，再三反覆研究日式甜點的奧秘，我想就是他那精益求精與無懼失敗的實幹精神，才獲得了目前的小小成就。打從他們決定從事紅豆餅的小吃生意，陳太太便將她對於料理的專業手藝發揮的淋漓盡致，花了將近半年的時間做出令他們自己滿意的口味，同時他們也不辭辛勞的請朋友試吃，虛心改進。

不過他們萬萬也沒有想到，就在開業前一天時碰到了始料未及的挫折，整整一天，他們無法製造出大量的麵糊，那時的沮喪和不順遂還令陳先生記憶猶新！為了讓紅豆餅精緻化，陳先生甚至連包裝袋這麼小的細節都不放過，紙袋的底部加寬，以免紅豆餅黏在一起或是變形；在紙盒上打洞，讓水蒸氣不至於影響紅豆餅的口感，這樣的貼心，卻也是陳先生用金錢所換取的寶貴經驗。

在事業上跨出了第一步的成功，陳先生和陳太太感性的認為是他們周遭的貴人幫助，曾經他的好朋友甚至為了鼓勵他，舉了不少成功人士的例子來刺激他，才使得他萌生鬥志， 陳先生和陳太太將心中的感激布施眾生，除了公車族、電話族換零錢的貼心服務，他們還自備垃圾桶和桌椅，供需要的行人自由使用。也由於陳先生和陳太太和客人的互動十分良好，使得他們也第一次有機會跨出國門，藉由和一位住在沙烏地阿拉伯的顧客合作，在當地開張了第一家紅豆餅店。

開業齊步走..........

攤位如何命名？

由於陳太太無怨無悔的支持，兩夫妻終究走過這場人生的風雨，開創了事業的第二春，因此兩人為了感念那時的挫折與心路歷程，特別以這個別具意義的溫馨詞兒『同心圓』作為再恰當不過的店名，也證明了他們夫妻在今後還是會披荊斬棘，大而無畏的走下去。

地點選擇？

當初會在這個黃金地段找到坪數算適合的店面，是由於陳先生和機車行老闆的好交情，因此老闆特地將原來的店面挪出3坪左右的面積讓他們使用，藉由附近上班族和逛街購物人來人往不斷的人潮，使得同心圓日式紅豆餅的生意日益興隆，而且加上捷運轉乘公車的站牌，正巧位於店門口，也讓許多原本只是經過的客人，因為大排長龍的景象而好奇的買來試吃，相對的也增加不少客源喔。

租金：

每個月5萬元的店租，其實算是高價位的店面，不過只要位在忠孝SOGO百貨一帶的店家，幾乎在營業的收入保證上，就成功了一半，名氣大開之後，就連百貨公司的商品展也都邀請他們參一腳呢。

硬體成本？

說到硬體，讓奶製品保鮮的冰箱絕對不能漏掉，當初陳先生大約是以2萬多元的價錢購得，而用來打成麵糊的攪拌器也是重要夥伴，大約1萬多元；至於用來烘焙紅豆餅的爐子，則是特別定做，使用進口鋼板，方便快速散熱，而黃銅模子則是愈用愈亮，閃閃發光，大約花了3萬多元。不過最特別的是同心圓所使用的保溫箱，當初陳先生在美食展上看到之後，便靈機一動花了1萬多元，將保溫箱稍做改良，讓紅豆餅能夠在一定的時間之內維持熱騰騰的口感，十分貼心。

人手？

除了陳先生和陳太太親力親為的在營業時間之內照顧生意，他們每天還會用2位的工讀學生來幫忙招呼絡繹不絕的人潮，平均時薪從100元起跳；同時還有一位正職人員，薪水大約在3萬元左右，負責所有紅豆餅的現場烘焙，可說是相當有效率的分工合作。

客層調查？

除了忠孝商圈人來人往的上班族和購物族，就連鄰近南京商圈也都是同心圓的固定客人，而在生意可以應付的情形之下，通常同心圓也會在附近一帶提供外送的服務，因此像是一般金融機構，幾乎都吃過他們的紅豆餅。而且或許在外觀上還是標標準準的車輪餅，因此來購買的顧客，真是男女老少都有，接受率可說是百分之百。

人氣項目？

儘管陳先生創新的推出水晶紅豆、水晶花生（可說是改良式的包餡涼圓）等口味，不過念舊的台灣人還是最偏好奶油和紅豆之類的傳統口味，而其中又以奶油餅最受到普羅大衆的歡迎，據說在外國人當中也是最具人氣的口味。而目前陳先生和陳太太正在研發新口味，準備在秋天推出，這也將是繼鮪魚之後的另一種超猛秘密武器。雖然每個單價15元，再加上陳先生所使用的材料也都是相當的品質保證，沒想到每個紅豆餅在賣出後所獲得的毛利還是高達6成，可說是穩賺不賠的小吃生意。

營業狀況？

目前的店面雖然小而美，同心圓還是可以勉強的合併店面和廚房一同使用，除了水晶甜點完全交由工廠來製作，像是紅豆餅皮所需要的麵糊，以及奶油內餡，都是在現場全程製作，因此新鮮度絕對是百分之百，不過陳先生有打算在附近尋找合適的地方做為中央廚房，以應付蒸蒸日上的材料需求。自詡為日式紅豆餅的創業家，陳先生在原料的使用上相當大方，不論是麵粉、糖、牛奶等必需的原料用品，一看都是喊得出名號的優良品牌。

未來計畫？

同心圓的連鎖事業當然會繼續擴大，不過目前依舊秉持著從長計議的態度，因為陳先生和陳太太雖然有了現在的小小成就，卻不希望魯莽的開放加盟事宜，一方面是怕屆時在店面形象的管理上難以控制，另一方面也不希望滿懷著希望要來加盟的業主，因為規劃不周等不完善的因素而雪上加霜，不過只要有心想要從事紅豆餅的小吃業，陳先生和陳太太還是隨時歡迎大家坐下來聊聊，互相激盪出更具創意的火花。

數字會說話？

項目	數字	說說話
開業年數	約2年	東山再起的毅力驚人
開業資金	約10萬元	簡單的攤車和冰箱等冷藏設備，為了改良研究所付出的心力可是無價
月租金	5萬元	
人手數	5人	正職人員和陳太太負責現場烘焙 陳先生負責材料的補充製作 工讀生負責招呼及包裝工作
座位數	無	一律外帶
平均每日來客數	約1,500個	夏天平均賣出約700個 冬天時則成倍數增加，曾經在一天之內賣出2,000個的紀錄
平均日消費額	約15,000～3,0000元	
每日進貨成本	不曾實際估計	但所有原料均使用知名品牌
平均每日淨利	約13,500元	
平均每月來客數	約6,000人（45,000個）	
平均每月營業額	約680,000元	
平均每月淨賺額	約400,000元	
營業時間	12:00PM～8:00PM	
每月營業天數	約30天	
公休日	無	未來可能考慮每週休息一天

製作方法

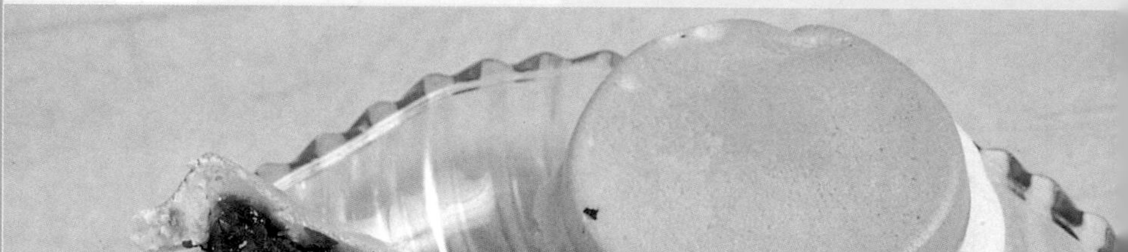

製作麵糊材料：低筋麵粉、獨家配方香料（香草粉、牛奶粉）、雞蛋、細粒特砂

奶油內餡材料：奶油粉、奶油塊、全脂鮮奶

內餡種類成品：紅豆、鮪魚、奶油、水晶紅豆、芋頭、起司、水晶芝麻、水晶花生

攪拌麵糊步驟及成品

製作方法

攪拌奶油餡步驟及成品

適量加入內餡

將適量麵糊注入模子中

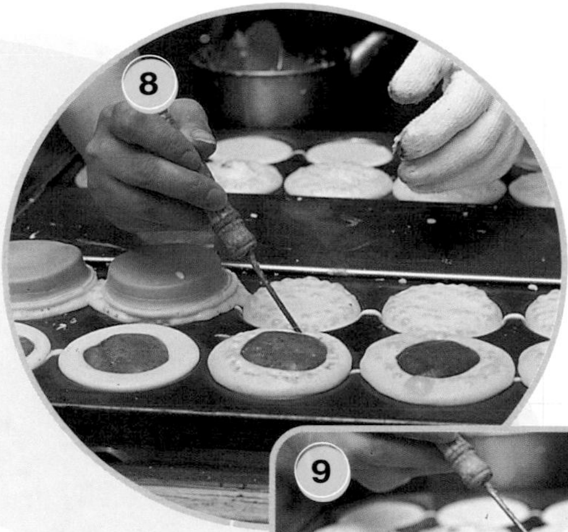

測試麵皮熟度

取另一面麵皮蓋上

包裝成品

老闆陳文發先生及太太

老闆給菜鳥的話..........

陳先生和陳太太以過來人的經驗，讓大衆見證了成功與失敗的一山之隔，也因此陳先生深深體會到「放下身段，承認失敗」這8個字的切身箴言。因此雖然曾經花了許多冤枉錢，他卻是甘之如飴，珍惜這非常寶貴的經驗。所以陳先生和陳太太儘管每天從清晨5點起床就忙忙碌碌的到晚上10點左右才有得休息，他們卻從來不以為苦，我想也是老天疼好人，才會讓他們這麼快就能夠穩穩當當的重新站住腳。

美味DIY...........

材料

1. 低筋麵粉1斤（1斤麵粉1斤水，約可作50～60個）
2. 細砂糖（台糖）
3. 雞蛋
4. 起司
5. 奶油粉
6. 無鹽奶油塊（安佳）
7. 全脂牛奶（味全）
8. 菜脯
9. 油蔥酥
10. 各式內餡：紅豆、芋頭、水晶芝麻、水晶花生、水晶紅豆、鮪魚、奶油、起司

哪裡買？多少錢？

所有材料可至迪化街原料行購買。

項目	份量	價錢	備註
牛奶	1瓶	40元	
低筋麵粉	1袋（約30斤）	250元	
細砂糖	1包	40元	
雞蛋	1斤	20元	
起司	80片	170元	
奶油粉	1公斤	200元	
無鹽奶油塊	1塊	60元	安佳
全脂牛奶	25公斤	2700元	安佳
菜脯	1斤	10元	
油蔥酥	1包	20元	
紅豆	1包	20元	
芋頭	1斤	45元	
芝麻粉	1斤	70元	
花生粉	1斤	60元	
太白粉	1包	20元	
鮪魚	1罐	20元	

製作步驟

1.前製處理

麵糊(1)將低筋麵粉、水、細砂糖、雞蛋、獨家配方（牛奶、香草）香料逐步加入攪拌器內。

(2)打成麵糊，大約12分鐘即成麵糊材料。

奶油內餡(1)材料包括：奶油粉、奶油塊、全脂奶粉。

(2)先將奶油塊煮熱後融化成液狀。

(3)和鮮奶及奶油粉逐步加入打勻，大約10分鐘即成為奶油餡料。

菜脯內餡(1)材料包括：蔥花、菜脯絲、油蔥酥。

(2)先將蔥花爆香。

(3)加入菜脯絲拌炒至香味冒出。

(4)加入油蔥酥攪拌。

(5)加入少許的鹽及味精、胡椒粉調味即可備用。

紅豆內餡(1)紅豆泡水約2小時，洗淨後放入電鍋中燉煮（水不可太多）。

(2)待熟後加入2號砂糖拌攪均勻。

(3)繼續煮至水快乾即成紅豆沙。

芋頭內餡(1)將芋頭削皮切塊，放入電鍋（或蒸鍋）中燉煮（不加水，芋頭最好用蒸的才較鬆軟可口）。

(2)待芋頭熟透後，趁熱加入2號砂糖。

(3)砂糖溶化後快速攪拌芋頭成泥，即是芋頭餡料。

※芝麻粉、花生粉、鮪魚罐頭，可至南北貨店買現成的即可。

水晶皮 (1)將太白粉或蕃薯粉加入適量的水及白砂糖調成糊醬狀。

(2)倒入鐵鍋中，小火加熱，不停快速攪拌，避免焦掉。

(3)一直攪拌成黏稠狀（類似麻薯）。

(4)趁熱捏成一小團一小團，包入各種口味的餡料，即成水晶餡料。

2.後製處理

(1)將紅豆餅烤爐先加熱至中高溫（第一鍋溫度會較不均勻）。

(2)在模型中抹上奶油，必免沾黏。

(3)倒入麵糊抹勻。

(4)待麵糊已成餅狀（約5分鐘），加入各種餡料。

(5)取其他已烤熟的餅殼（先用針狀的工具，將餅的周圍刮一刮，以便餅殼較易脫模），倒蓋於餡料上。

(6)待餅成型粘著後，用針狀工具刮一刮模型中的餅殼，取出紅豆餅即完成。

※若要區分不同口味，可於模型中先加入芝麻、海苔粉、瓜子、菜脯絲…等做區別，再倒入麵糊即可分辨。

3.獨家撇步

(1)純麵粉原料加入大量牛奶製成麵皮，有別於傳統紅豆餅在麵糊中加水，因此就算變涼之後，也不會過軟。

(2)水晶皮類似台式的涼圓，口感QQ有嚼勁，更可將餡料的甜度均勻地散步於口齒之間，留香回味再三。

楊記花生玉米冰

吃一口冰品沁心涼
然後知道
幸福竟是一種可以品嚐的味道

美味紅不讓 ♕♕♕♕♕	特色紅不讓 ♕♕♕♕
人氣紅不讓 ♕♕♕♕♕	地點紅不讓 ♕♕♕♕♕
服務紅不讓 ♕♕♕♕	名氣紅不讓 ♕♕♕♕♕
便宜紅不讓 ♕♕♕♕	衛生紅不讓 ♕♕♕♕♕

店齡：42年老味
老闆：楊煌偉先生
年齡：41歲
創業資本：30萬元
每月營業額：約150萬元
每月淨賺額：約100萬元
產品利潤：約 7成
營業地點：台北市漢口街2段38、40號
營業時間：12:00PM～6:30PM
聯絡方式：（02）2375-2223

傳統小冰店，三代同堂都說“讚”.........

在店內的冰品menu，只能很單純看到簡單的五穀雜糧搭配出簡單的四果冰，可是店內往往座無虛席的盛況卻是無庸置疑，而有別於時下一窩蜂開設的芒果冰店盡是嘗鮮的年輕顧客，老字號的楊記冰館觸目所及盡是扶老攜幼的溫馨場面，再加上習慣聚集西門町的那些活潑的少男少女，小小的傳統冰店內頓時瀰漫著3代同堂齊歡樂的特殊場面，看來小吃畢竟還是古早味的最好。

話說從前.........子承父業，2代經營的傳家冰品

40年老店的悠久歷史，目前的負責人楊先生是第2代接班人。已經上了年紀當老太爺的楊伯伯，在多年之前原本從事和化妝品有關的百貨生意，不過由於經營的成果不如想像中順遂，因此轉行開始從事賣冰生意；而當初選擇冰品的動機也很簡單，想說怎麼樣都比鹹口味的食物容易掌握製作的功夫。當時楊伯伯跟一位叔公學了一陣子，就開始在西寧南路一帶做起生意，由於楊伯伯吃素的關係，所以只準備了五穀雜糧類如綠豆、紅豆和花生等材料，就這樣賣起四果冰來。據說楊伯伯早期還將酸梅進一步改良加入冰品中，在當時算是頗另類的菜單吧！漸漸地楊記受到老一輩顧客歡迎，而擴大成店面營業，房東也因為跟楊伯伯是多年好友，所以他的房租也不會因為冰店生意好而暴漲房租。

從小在店裡幫忙到大的楊先生，小時候一天到晚只能待在家裡幫忙父親的生意，就像每個小孩在年幼時，都會存在不耐煩與嚮往自由的念頭。亟欲證明個人實力之下，一開始楊先生從事電腦設計與維護的相關工作，大約在10年前才正式接手目前的店面，生意如火如荼受到廣大歡迎之時，時機巧合的，租下隔壁店面，並且增加人手，同時他的大哥也在鄰近的昆明街一帶開設了同名分店，2人一起打拼並奠定現今的穩固的江山。

心路歷程……黯然結束營業，重新再開始

早在小學、國中時代，楊先生便看慣冰店內招呼客人的所有作業流程，因此當28歲甫退伍的他，在現在的大安路上（SOGO百貨後面）開設了他個人的第一家冰店，在辛苦經營了2年半之後，卻因為房租調漲過高，令他無法負荷而黯然結束營業。隨後雖然曾經再嘗試開設2家同名的楊記冰店，卻依舊經營得十分辛苦。儘管打著老牌字號，生意卻不同於創始店的穩定成長，他每開設一個新店面就得想法子招徠客人，當然他遭遇過一天只賣出幾碗冰的慘澹狀況。不過就在楊先生重新接手目前的冰店之後，卻經營的有聲有色，相對的因為業績成長而必須付出更多的心力來準備與製作材料，每天光是準備與烹煮材料，就可以花上一天的功夫，以致於身體都有點難以負荷的疲憊；不過料好實在的冰品讓他拍著胸脯保證，絕對值回票價。而且楊記每3年才因應物價調漲一次價錢，絕對合理。有點感性的他，曾經聽到有一位老客人吃著楊記僅冬天才販售的花生湯，到了只要一入口，即能辨識口味的驚人程度；而當他聽到第一次來吃的客人，懷著幸福的口氣來稱讚他們的冰品有“架”美味的時候，他當下就覺得什麼樣的辛苦都值得了。

開業齊步走..........

攤位如何命名？

顧名思義『楊記』是因為祖傳40來年的歷史性店名，因此不論今後開了幾家分店都會沿用下去；不過老板特地在店卡或是看板都放上他們的招牌冰品，讓外地客人就算是初次來到店內品嚐，也都能感受到老闆貼心的服務，並能意會他不言而喻的推薦心意了！

地點選擇？

由於一開始由楊伯伯所選擇的店面客源與生意已經根深蒂固，因此楊先生只是很努力的維持現有的營業盛況；據說在三年前左右，『楊記』曾經熬過一段西門町店生意十分差的階段，到了後來西門徒步區開放，而捷運也隨後通車行駛，接二連三的各種大小型戶外活動才重建西門町的經濟繁榮。

租金？

由於房東和楊伯伯是熟朋友的這一層關係，楊記冰店緊鄰的2個店面與放置乾糧罐頭等雜貨的2樓倉庫，每個月所需的房租是68,000元，不過這可是人情價。所以如果你有想要自行創業的念頭，也可以尋找善良的親朋好友友情贊助一番。

硬體設備？

目前用來放置材料的冷藏冰箱是楊先生為了因應店內的規格需要所特別訂製的款式，上層可放置冰塊，而下層則是用來放置已經煮好的材料以供冷藏，一台大約在55,000元左右，雖然聽起來有點貴，不過保固長達10年之久呢！至於其他的鍋具則依照個人需要而決定購買的數量多少，像楊老闆本身每天就得用到6個鍋爐才夠應付。另一樣生財工具刨冰機則是4,000～9,000元的市價不等，在環河南路都可以視個人需要選購。

人手？

因為生意愈來愈好的關係，目前楊先生以下午和晚上2班輪流的方式，找了工讀學生來幫他維持外場的營業，在7～9月的旺季階段每班都維持在4人，平日或是冬天的淡季則維持在3人左右的工讀人數；時薪則看個人經驗，通常從100元起跳。

客層調查？

現在固定會光顧楊記的老客人已經輪到第2代的熟面孔了，楊先生還開玩笑的說，最喜歡看父母親帶著小孩子來吃冰了，因為難保過了幾年之後，說不定這些小客人都將成為楊記未來的potential customers，嗯…還真是有行銷概念。而西門町一帶滿滿的學生族群，也都成了該商圈的識途老馬，不管是專程還是順路，再怎麼樣也捨不得不光顧這家大名鼎鼎的冰店老字號吧！除此之外，因為假日活動所帶來的外地人潮，據說也是好評不斷。

店面外觀

人氣項目？

當初會把玉米花生冰當成楊記的招牌冰品，是因為客人點吃率相當高的關係，不過據說玉米冰還是當年玉米罐頭進口台灣之後才開始賣，一開始楊記也換過好幾家玉米罐頭廠商，最後還是覺得綠巨人的玉米顆粒品質好，而且口感也最佳。不過其他的冰品也讓楊先生很驕傲的覺得自家冰品絕對實在，最受歡迎的花生玉米冰料多味美一碗60元，最貴的芋頭冰也不過65元，其他的冰品都在50元上下，既不會獅子大開口的賣太貴，也不會在材料上偷工減料喪失口感。

營業狀況？

拼命埋頭苦幹的楊先生，就連今年景氣不好少賣了幾碗冰，也都是透過工讀生和冰塊供應商老板的提醒才恍然大悟，不過就算有點小小的流失，其實從店內老是高朋滿座的情形看來，其實影響應該不大，不過根據楊先生的觀察，最好的營業時段集中在下午3:00和晚上9:00以後。賣冰的真正旺季通常都集中在7～9月，雖然標榜著一年四季冰品不斷源，冬天時也會兼著賣一些熱湯甜品，藉以平衡收支；同時在此他也要大力推薦楊記的花生湯，不油不膩、入口即化，心動了嗎？

未來計畫？

楊記已經成了家族事業，因此將來即使有拓展的計畫，也是由楊先生和他的大哥、小弟去做。不過在眼前楊先生只打算好好照顧這家店面，並且把早年因為拼命工作而忽略的身體養好；同時因為在5年前擴大店面，請足人手之後，採用先付款再享受的模式，不用拼命的用腦子記下客人所點的東西，也輕鬆許多。

數字會說話？

項目	數字	說說話
開業年數	42年	營業有成，生財有道
開業資金	約30萬元	含設備、租金
月租金	6.8萬元	靠近西門徒步區商圈
人手數	8人	工讀生6～8位，淡旺季增加或減少 人手時薪100元起薪，週休1～2天
座位數	約60人	
平均每日來客數	1,000碗	以7～8月旺季計算 因無法正確估計實際來客數
平均日營業額	約50,000～60,000元	以一般季節來說 因無法估計實際來客數
每日進貨成本	約15,000元	以一般季節來說
平均每日淨利	約35,000～40,000元	以一般季節來說
平均每月來客數	約30,000人	因無法估計實際來客數
平均每月營業額	約1,500,000元	
平均每月淨賺額	約1,000,000元	
營業時間	12:00PM～10:30PM	
每月營業天數	30～31大	
公休日	寒假固定休10天	

製作方法

適當份量的花生加水煮開

熬煮過程中需不定時翻攪

花生湯成品

製作方法

熬煮紅豆

將冰塊刨成適量冰絲

加入牛奶調味

7

其他配料熬煮後成品

8

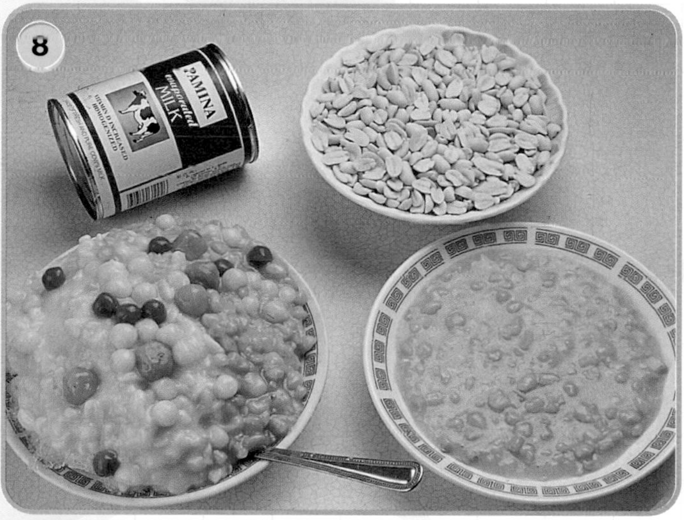

花生玉米冰材料及成品

老闆楊煌偉先生

老闆給菜鳥的話..........

雖然冰品是一年四季都可以販售的小吃，不過時代改變，最有消費力的年輕人也跟著變，再加上瘦身風潮狂吹不熄，要求低脂、又要求健康，許多人對於甜品的要求愈來愈挑嘴，就連冬天的熱湯甜品也得改變調味以利販售，所以客人對於口味的反應選擇十分重要；而且冰店生意必須親力親為，還得耐心等待顧客的口碑打出名號，因此等待顧客上門的耐心不可少。楊先生並且以他個人開過3次店的經驗談，要找到一個人潮多而房租又便宜的地方也是一門學問，看來開冰店不如想像中簡單。不過若是注重新鮮材料的選擇與烹煮方式，顧客終究還是會「慧眼識英雄」的。

美味DIY...........

材料：

1. 麥角3斤　2. 花生10斤　3. 綠豆10斤
4. 紅豆10斤　5. 玉米罐頭約8箱　6. 芋頭10斤
7. 冰塊　8. 小湯圓10斤　9. 濃縮鮮奶罐頭
10. 特級砂糖 & 二級砂糖各8斤

哪裡買？多少錢？

一般人在迪化街都可以用便宜的批發價格買到這些普遍的五穀雜糧，或是利用門路和專門的南北貨批發商洽談。至於冰塊，楊先生都跟固定的冰塊供應商買貨，據說他也是全台北市最大盤的冰塊供應商（02-23117295）。

項目	份量	價錢	備註
花生	1公斤	55元	50公斤1袋/2750元
紅豆	1斤	41元	50公斤1袋/2050元 此為本地紅豆，進口紅豆較便宜，但不易煮爛，增加瓦斯成本
綠豆	1斤	17元	50斤1袋/850元
芋頭	1斤	45元	已經削好
玉米	1箱	620元	綠巨人一箱6罐
濃縮鮮奶罐頭	1箱	1250元	無甜份 質純、易淋、不黏罐
冰塊	8塊	120元	
麥角	1公斤	15元	20公斤1袋/260元
特級砂糖	50公斤	650元	
二級砂糖	50公斤	950元	
小湯圓	1公斤	40元	可買現成的

製作步驟：

1.前製處理

麥角(1)將麥角洗淨泡水約2小時。

(2)加入約鍋深2/3的水，用大火煮滾約15分鐘左右（時間視份量多寡）。

(3)待水快收乾時趁熱加入特級砂糖攪拌即可。

(4)等麥角放涼後，放入冰箱冷藏備用。

紅豆(1)將紅豆洗淨，泡水約2小時。

(2)加入約鍋深2/3的水，用大火煮滾約3個半小時（時間視份量多寡）。

(3)待水快收乾時趁熱拌入特級砂糖拌勻。

(4)等紅豆放涼後，放入冰箱冷藏備用。

綠豆(1)將綠豆洗淨，泡水約2小時。

(2)加入約鍋深2/3的水，用大火煮滾約1個半小時（時間視份量多寡）。

(3)待水快收乾時趁熱加入特級砂糖攪拌即可。

(4)等綠豆放涼後，放入冰箱冷藏備用。

芋頭(1)將芋頭削皮；洗淨、切小塊。

(2)加入約鍋深2/3的水，用大火煮滾約3小時左右（時間視份量多寡）。

(3)待水快收乾時趁熱加入特級砂糖攪拌即可。

(4)等芋頭放涼後，放入冰箱冷藏備用。

花生(1)先將乾燥花生粒以人工或是機器脫去薄膜及黑點。

(2)洗淨後泡水2小時以上。

(3)加入約鍋深2/3的水，用大火悶煮約4個小時左右（時間視份量多寡）。

(4)待花生湯汁的顏色變得白稠後，再加入特級砂糖調味，至水收乾。

(5)放涼約4小時後，冷藏備用。

玉米(1)視份量拌入特級砂糖調味。

糖水(1)先將煮糖水的鍋子以中火加熱。

(2)倒入2號砂糖轉小火不停拌炒至糖出現香味（不可炒焦）。

(3)加入清水攪拌成糖水。

(4)加入少許的鹽，逼出糖的甜味。

(5)加入1小塊冬瓜精提味（會更香）。

(6)待糖水滾後，撈起浮在上面的泡沫（便糖水更清）。

即完成香甜的獨門糖水了。

2.後製處理

(1)將冰塊刨成剉冰。

(2)依口味加上花生、紅豆、芋頭…等配料。

(3)湯圓現煮撈起加入配料中。

(4)澆上特製糖水。

(5)淋上濃縮鮮奶即完成好吃的冰品。

3.獨家撇步

(1)花生要酥軟熟透一定要煮到汁濃稠時才可加糖。

(2)加1小塊冬瓜精會讓糖水更香甜。

(3)小湯圓要現煮趁熱撈起，拌著冰吃才會Q。

你也可以加盟...........

楊記在之前也不是沒有想過利用加盟的店家來拓展生意，不過除了技術上的問題到現在還無法突破之外，他們還替創業者想到了十分現實的問題：一旦將創業的錢都拿來加盟之後，如何承擔生意風險？另外在一方面他們也會擔心屆時如何控制品管，因為如果一家沒有做好的話，影響到其他分店，甚至打壞總店的口碑，更是得不償失。因此他們在目前並不打算朝這個計畫前進，頂多還是家傳自己的兄弟來維持營運就行了。

懷念愛玉冰

愛玉籽有的乖巧、有的桀傲
只有懷念最知道
各國足跡踏遍的記憶所在
清甜Q嫩
順口滑溜、口口回味

美味紅不讓	特色紅不讓
人氣紅不讓	地點紅不讓
服務紅不讓	名氣紅不讓
便宜紅不讓	衛生紅不讓

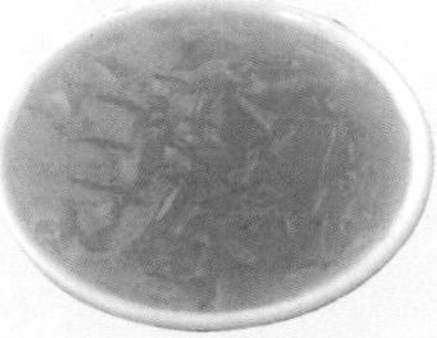

店齡：約40年老味
老闆：朱清泉
年齡：55歲
創業資本：約5～10萬元（視創業規模而定）
每月營業額：約55萬元
每月淨賺額：約38萬元
產品利潤：約7成
營業地點：台北市廣州街202號之一
營業時間：3:00PM～12:00AM
聯絡方式：（02）2306-1828

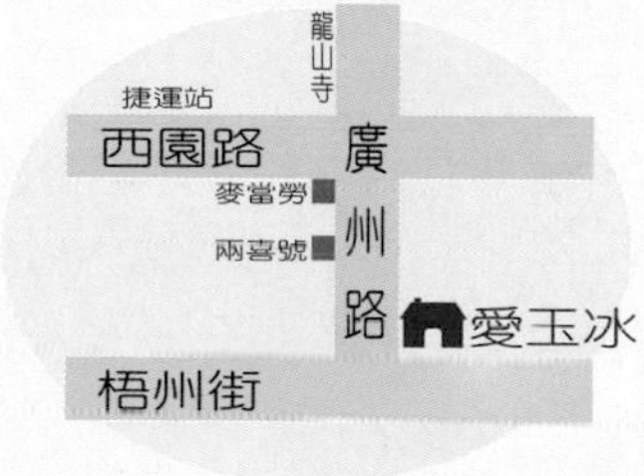

健康吃得到，愛玉好味道.........

傳說愛玉籽成就了一個平凡農家女的幸福婚姻，養顏美容的天然功效甚至讓日本人大量進口到國內，提煉保養品的相關素材，而根據國內的醫學報導，多食用愛玉還能夠降低膽固醇與幫助清除腸胃中的毒素。而已經將愛工的特性摸索的滾瓜爛熟的朱老闆，在他的解說之後，才開了眼界，原來愛玉籽也相當有種，桀驁不馴的愛玉籽與乖巧溫馴的愛玉籽，他就像是閱人無數的算命仙一樣，一瞧便知。

話說從前……..從胡椒餅到愛玉冰，走過萬華的歷史

和朱老闆聊天時，還可順便聽聽不少屬於萬華一帶生意人的古早歷史，他可是一個土生土長的萬華人。如果對於萬華熟悉的人，就知道這地區有許多青草專門店，因此在很久很久以前，現在的昆明街和廣州街一帶，有著許多人兼賣著青草茶、仙草和愛玉之類養身美容的簡單冷飲生意；朱老闆的爸爸在很多年前收起了生意相當興隆的胡椒餅生意，開始改行經營在製作上比較簡單的冰品小吃，從三色冰、冬瓜茶到愛玉冰，才經營了一個夏天的時間，就受到左鄰右舍的歡迎，延續至今的口碑，到現在算算也超過了50年的歷史，也因此朱老闆除了對於愛玉相當地瞭解，就算是製作其他的冰品，也都難不倒他。

從十來歲左右就開始在父親的攤位上幫忙，『懷念愛玉冰』可說是無人不知、無人不曉，因此附近的居民，不是跟著朱老闆一起長大的相近同輩，再不然現在都已經是白髮蒼蒼的公公與婆婆了。其實朱老闆對於自己拿手的愛玉，在製作過程上絕對保密，不過談起有關愛玉的一切，態度則為之一變的滔滔不絕。有時朱老闆會帶著他的太太和兒子到山上的愛玉園中，呼吸新鮮空氣之外，也去關心一下愛玉果的生長情況。愛玉果外觀看起來像是夏天盛產的芒果，不過生長在高山中的愛玉果，卻是摘採不易，聽說採果人若是沒有相當的經驗，很容易失足跌入山谷中，造成生命的危險。

『懷念愛玉冰』老店外觀

心路歷程........只想把愛玉做好，沒想到『懷念』賣的這麼好

在幾十年前，愛玉冰一碗五角錢，物換星移，由朱老闆接手之後所賣的愛玉還是有著絕對的品質保證，他說現代人講求方便，冷凍食品大行其道，不過為了方便，市面上所販賣的冷凍愛玉，都加進了化學原料，才能避免愛玉十分容易溶化的天性。

「講信用、求品質」，是朱老闆不諱言生意興隆的秘訣，賣了幾十年的愛玉冰，哪裡的愛玉純與假，這樣的辨別對他來說輕而易舉，而且愛玉子的個性就跟人性一樣，有的頑固，有的溫順，一般人看起來一模一樣的愛玉籽，有的輕而易舉便可以擠出所需要的凝膠數量，有的愛玉籽就算是使上了不少勁，也只肯吐出一點點，同時質地純實的愛玉，只能放上大約2個鐘頭，十分易溶的特性也是一絕；不過朱老闆還是只想把自己的愛玉生意做好，因此他每天所賣出的愛玉，絕對是一流的口感，Q到極點，還有淡淡的檸檬味在口齒間留香，甜而不膩的糖水底令人神清氣爽，再加上他天生與人為善的處事方式，因此和客人之間的互動性也相當好。

其實今年的景氣那麼不好，即使現在還是時時可見大排長龍嚐一碗愛玉的景象，朱老闆也發覺生意今非昔比有下滑的現象，而顧客不辭舟車勞頓的辛苦來到這裡喝幾口愛玉，更激發了他在做生意上的一貫原則：講究材料品質的生意信用。顧客也心知肚明，自然就會定時上門光顧，因此這樣的通則讓他屢試不爽。

開業齊步走............

攤位如何命名？

起初朱老闆是以『透心涼愛玉冰』的招牌來稱呼，不過時常有老顧客隔了一段時間，就會相當懷念朱老闆的愛玉冰，甚至還曾經有老一輩的顧客，希望再喝一碗真正透心涼的愛玉冰，當成最後的遺願，於是朱老闆也就從善如流的改名。而為了防止不肖的商人，打著相同名號招搖撞騙，朱老闆於是註冊相關的商標名稱，還靠著女兒的才華，以西班牙文"MEMORIA"為輔，除了方便國外觀光客辨識與記憶，這倒也是一種特殊的文采雅風呢。

地點選擇？

從小在萬華一帶成長的朱老闆，跟著父親所打下的事業基礎，更進一步的落地生根，光宗耀祖，而現在位於華西街觀光夜市旁的現址，也是多年來的營業地點所在，不曾變動，名氣絕對的一級響。

租金：

由於華西街觀光夜市隸屬於萬華當地的市場管理處，該處統籌一切大小事務，因此市場裡的營業攤位自有所謂的公定價，以朱老闆的攤位來說，攤位租金其實不貴，大約2坪左右的店面，平均3個月才需要繳納一次月租金，大約27,000元，可是小吃業同樣也要課稅，因此每年還得另外繳納1萬多元的營業稅。

硬體成本？

朱老闆在現場有一個小型的中央廚房，提供每天現做現賣的愛玉，而除了用來盛大塊愛玉的鐵製方形容器之外，再來就是一輛營業不可缺少的攤車，白鐵質料的攤車大約1萬多元就可以在環河南路一帶買到；而用來盛裝愛玉冰的壓克力容器，透著清晰的面板，藉以增加愛玉黃澄欲滴的可口色澤，同時也不至於像以前所使用的透明玻璃，容易碎裂的缺點；另外可別忘了重要的冰箱，用來保持愛玉籽的絕對新鮮度喔。

》》》》》》》》》》》》 **人手？**

當顧客上門時，一定會看到頭髮灰白，可是笑容可掬的朱老闆，拿著一只黃金般的杓子拼命應付客人所需要的數量，而通常朱老闆的兒子則會在廚房隨時製作所需要的愛玉，可是為了應付絡繹不絕的客人，朱老闆還請了一個專門負責包裝與收錢的幫手，月薪大約在2萬元左右，而週休二日的時候，也會另外再請工讀生幫忙包裝或是找零之類的零星雜事，每小時的時薪大約150元。

》》》》》》》》》》》》 **客層調查？**

華西街的外國觀光客向來多不勝數，一直以來，許多來自香港和美國的觀光客，都會自動上門光顧，而愈來愈多的日本與韓國觀光客，則是因為旅行社安排行程的緣故，因此有機會一嚐美味。根據朱老闆的觀察，今年還多了許多來自印尼的觀光客，真是「世界大不同，人人美食通」，比起我們這些在地的台北人，還要精通不可錯過的美食景點。而每逢週休二日，朱老闆的生意更是加倍的興隆，排列的隊伍常常見首不見尾；此外，當地鄉親也是相當支持，平日免受排隊之苦，三不五時就可以來上一碗清涼透頂的愛玉冰！

人氣項目？

朱老闆的愛玉有多Q、有多讚，一定要親口試過才知道，而且他所賣的愛玉，也呈現著不同於市面上所販賣的那般過於透黃，在其中有著什麼樣的秘密，只有朱老闆一家人才知道，不過也由於朱老闆對於愛玉籽的習性有相當的研究，可說是箇中高手，因此他所使用的愛玉籽，成本所費不皆，每斤的價格絕對超過500元，再加上他精心研發調配出來的糖水底，也是有別於一般小吃攤所調味的甜頭，我想這也是『懷念愛玉冰』如此令人回味無窮、意猶未盡的成功之處了。

『懷念愛玉冰』老闆

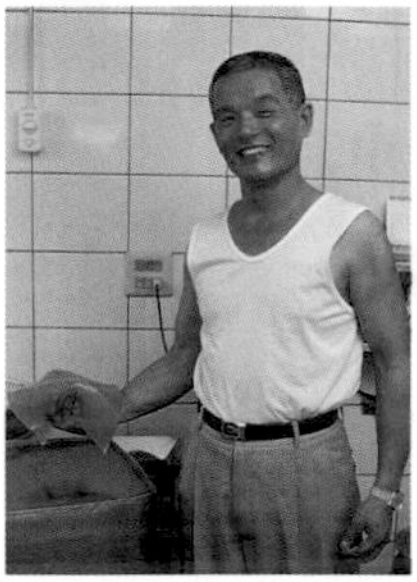

營業狀況？

常常有人到朱老闆的愛玉攤一光顧，一連喝上5碗、10碗都不足為奇，據說曾經還有女孩子一口氣也可以吃上5碗，實在是相當令人驚訝的數字，雖然朱老闆實在不方便透露『懷念愛玉冰』每個月的大約營業額，不過一般在下午3點才開始營業的攤子，往往在10分鐘，甚至是15分鐘前就開始有人潮聚集從一開始營業不到半個小時的時間，現場吃喝外加打包的數量，大概不少於50碗，而在人潮蜂擁而至的週休二日，更是可以親眼看見客人們驚人的消費力；在炎熱的仲夏時分，朱老闆向來準時營業，不過到了冬天，吃冰的人一銳減，他可能就會根據實際的狀況調整營業時間，因此有心光臨的客人，朱老闆也希望大家能夠事先確認，否則大老遠白跑了一趟，可是對各位相當不好意思呢。

數字會說話？

項 目	數 字	說 說 話
開業年數	約40年	的確令人回味無窮，令人難以捨棄的好滋味
開業資金	約5萬元	其實依照品質的不同，在材料和硬體設備的需求和選擇上，金額往上遞增
月租金	3個月/ 27,000元	約2坪大，可放置簡單的攤車與廚房所需要的硬體設備
年度稅金	年/ 約15,000元	
人手數	3～4人	製作和舀取愛玉的工作絕對是由朱老闆父子來負責，至於包裝和收費的動作，則由另外的工讀人員來負責
座位數	無	外帶或是在攤子前站著喝
平均每日來客數	約800～900碗	朱老闆不方便透露由編輯約略推估
平均日消費額	約20,000元	朱老闆不方便透露由編輯約略推估
平均每日進貨成本	約2,000元	愛玉籽1斤約550元
平均每日淨利	約14,000元	朱老闆不方便透露由編輯約略推估
平均每月來客數	約18,000碗	朱老闆不方便透露由編輯約略推估
平均每月營業額	約550,000元	
平均每月淨賺額	約380,000元	
營業時間	3:00PM～12:00AM	晴天與週休二日絕對營業 但是雨天就不一定了，最好先做確認
每月營業天數	約30天	
公休日	無	農曆新年必休

製作方法

將洗過的愛玉搓揉後放置結凍

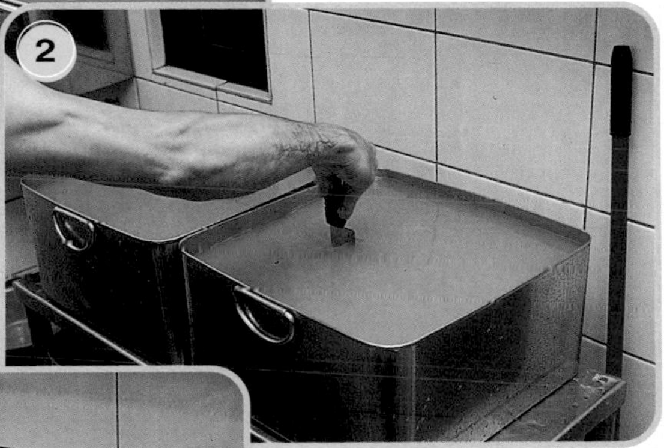

用刀將愛玉凍切成適當大小

倒入清水，利用水的浮力將愛玉塊分離

製作方法

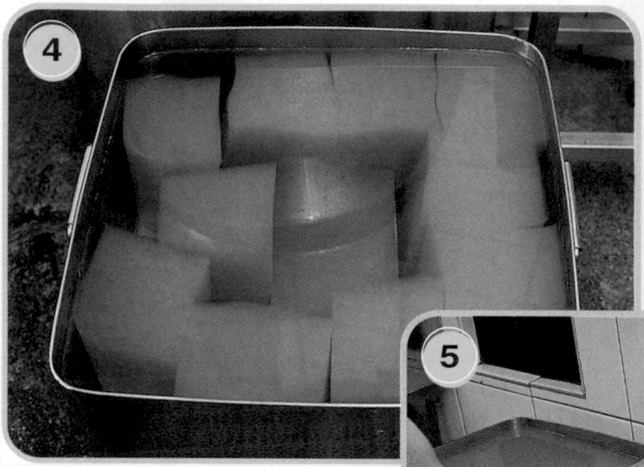
浸泡在水中的愛玉凍

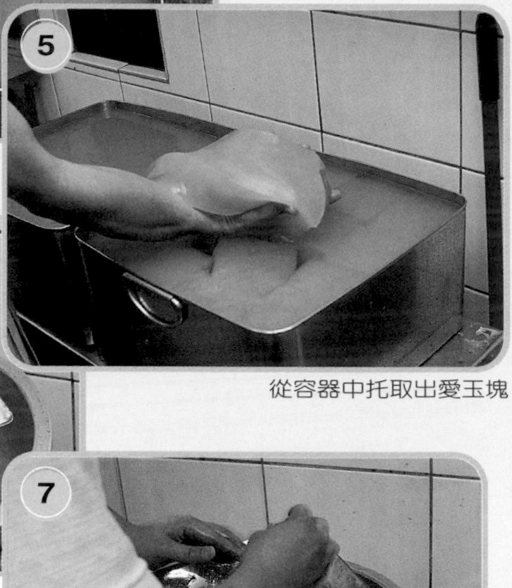
從容器中托取出愛玉塊

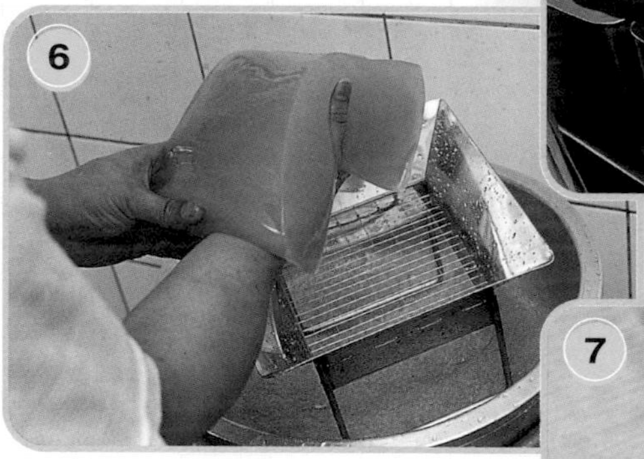
放入條網狀的分割器中

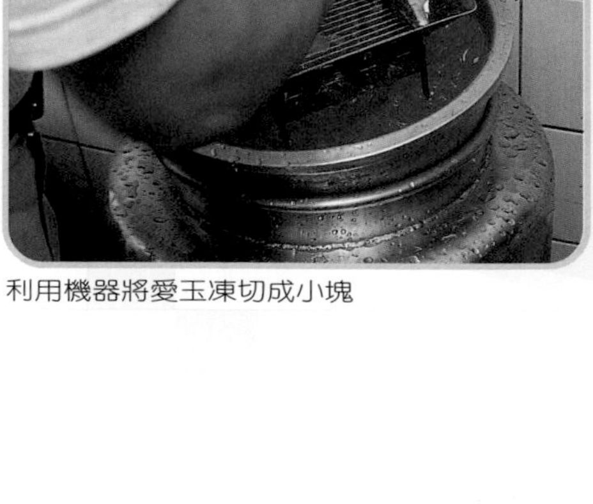
利用機器將愛玉凍切成小塊

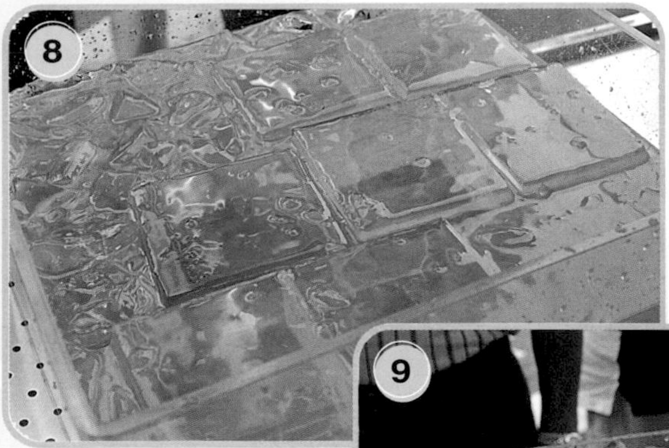

將愛玉凍放入置滿冰塊的水中備用

舀出愛玉加上特調糖水

好吃順口的愛玉冰成品

未來計畫？

忙碌中的老闆兒子

曾經有過有心人來請教朱老闆加盟營業的可能性，朱老闆對於各種冰品的製作，雖然有著令人嘖嘖稱奇的專業研究，不過他卻沒有太大的意願跨出這一步的領域，仿效時下流行的連鎖專賣店；一方面朱老闆還是將種種的家傳製造秘方視作商業機密，不願意隨便外流，因此接下來就是由他的兒子來繼承未來的店面經營了。

老闆給菜鳥的話..........

朱老闆還是強調生意人所必須謹記的賺錢法則，除了要做良心生意，講求信譽，在材料和口味的調配上，切忌偷工減料或是濫竽充數，而隨時隨地觀察別人的成功模式，更是重要的功課，像朱老闆在有空的時後，都會循著報章雜誌的介紹，品嚐各樣的美食小吃，除了一飽口腹之慾，也觀察老闆們做生意的用心態度，去蕪存菁，有機會才能和衆成功的老闆一樣，受到顧客的肯定。

美味DIY..........

材料範例：

1. 愛玉籽　2. 二級砂糖　3. 白開水
4. 檸檬　5. 紗布

哪裡買？多少錢？

最重要的愛玉籽，朱老闆建議一般人可以在迪化街的南北雜貨販售店裡買到，不過在選擇產地時，又以嘉義一帶所生產愛玉籽，在質地上比較精純，不過愛玉籽也是相當有個性的一種植物，真正的好壞還是得憑經驗來分辨。

項目	份量	價錢	備註
愛玉籽	1斤	約500元	阿里山生產的愛玉籽為最優
二級砂糖	50公斤	950元	
檸檬	1斤	7元	
紗布	1個	70元	
冰塊	8塊	120元	

製作步驟：

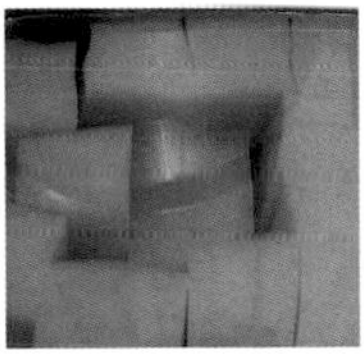

1. 前製處理

愛玉

(1)將適量的愛玉籽清洗乾淨。

(2)包入紗布後，放入水中，以兩手搓揉擠出愛玉籽內的半透明凝膠，視數量而定，動作大約持續10多分鐘。

(3)使用濾網去除愛玉凝膠中的雜質。

(4)將凝膠倒入適當的容器內等候凝固，大約需要10分鐘。

(5)凝固後可以選擇是否放置冰箱，但在2小時之內食用完畢，風味最佳。

糖水

(1)在鍋中倒入適當的二級砂糖，用小火拌炒，待砂糖發出香甜味後加入水攪拌。

(2)加入少量的鹽，將糖的甜味逼出，撈起浮在水面上的雜質泡沫，即成糖水。

2. 後製處理

(1)將結凍的愛玉切成塊狀。

(2)倒入水，利用水的浮力將愛玉凍分離。

(3)將水中愛玉凍切成小丁塊泡入冰水中。

(4)舀出適量的愛玉凍，加入特製的糖水及少許的檸檬汁調味即成可口的愛玉冰。

3. 獨家撇步

愛玉籽的質地所結成的凝膠，是增加Q感的重要因素。

選擇一個好的愛玉籽其關鍵如下：

(1)要選皮削得薄透，從皮就可以直接捏到愛玉籽的才是上等貨。

(2) 愛玉籽的皮和花須呈完整狀，不能脫落。脫落的愛玉膠質已退化，洗出的愛玉凝固後會爛爛的，好的愛玉1兩可洗出6斤愛玉凍，差的1兩只能洗出3斤，有的甚至洗不出來。

(3)要選擇愛玉花中為三層分佈的愛玉籽，通常這種品種大多為高山愛玉或野生愛玉居多。

(4)台灣的愛玉籽多分布於中央山脈，其中以阿里山的品質最優；台東山上的愛玉洗出成黃金色；屏東山地門的愛玉成褐色；有的愛玉成鉻黃色看起來一點也不透明，則是因為加入了黃色粉調色，消費者要特別注意品質的優劣。

※ 一顆愛玉籽的保存期限約為一年。

你也可以加盟...........

由於愛玉無法長久放置，相當容易溶化的特性，讓朱老闆寧可堅守這間歷史悠久的店面，也不願冒險嘗試踏入連鎖加盟店的領域，為了讓顧客吃到品質絕對一級讚的愛玉，這是朱老闆「有所為，也有所不為」的一種堅持。

你適合做一個路邊攤嗎？

你是否每天朝九晚五上班領死薪水，即使對現在的工作有所不滿，但經濟不景氣又不敢輕易的跳槽或自己創業？看見各大媒體報導路邊攤賺大錢的盛況，你開始蠢蠢欲動了嗎？

現在我們就要測驗你成為路邊攤老闆的指數到底有多高？你適不適合當一個既稱職又成功的路邊攤？準備好沒？開始囉！

》》》》》 1. 你和一個普通朋友約會，他卻遲到了，通常你會等他多久？

A. 一個小時。

B. 30分鐘左右。

C. 10分鐘左右。

D. 5分鐘以內。

》》》》》 2. 一早你急著要上班，可是你卻忘了哪件事情？

A. 忘了換拖鞋。

B. 忘了帶錢包。

C. 忘了帶手機。

D. 忘了帶鑰匙。

》》》》》 3. 你是一個廚師，除了講究口味以外，下列哪項是你認為最重要的？

A. 盤飾。

B. 營養。

C. 刀工。

D. 材料。

》》》》》 4. 廚房做菜很熱，如果開電風扇瓦斯爐火會滅，開冷氣又太浪費電了，這時你會怎麼辦？

A. 做菜要緊，即使汗流浹背也要完成烹飪。

B. 先做一會兒，再到旁邊吹一下冷氣，回來再繼續做。

C. 不管電費多少，一定要開冷氣才做。

D. 不做了，買現成或出去吃好了。

》》》》》 5. 當有人建議你，換一種生活模式時，你會不會調整自己？

A. 洗耳恭聽，檢視自己生活是否需要改變。

B. 按兵不動，但私下會考慮、考慮。

C. 聽聽意見，不會積極回應。

D. 置之不理，堅持己見。

》》》》》 6. 家人叫你去繳電費，離繳費期限還有30天你會什麼時候去繳？

A. 一有空就去繳。

B. 看到繳費日期過了一半才繳。

C. 時間快到的前2天才繳。

D. 過期後，直到家人催促才繳。

》》》》》 7. 當有客人嫌你做的小吃口味不佳時，你會怎麼應對？

A. 回答各家口味不同，待我們開發新的口味，一定可以符合你的喜好的。

B. 不會啦！大家都說好吃耶！

C. 真的喔！我們一定再檢討，做出你要的口味。

D. 那你就到別攤買嘛！

以上測驗，A、B、C、D答案中，哪一種答案你最多，即是屬於哪一型。

看看你是屬於哪一型？

A型：天才型路邊攤

》》》》》 路邊攤頭家，非你莫屬啦。

恭喜你！成為五心上將（耐心、細心、用心、苦心、信心）No.1，你實在太適合成為一位路邊攤頭家了。不論風吹、日曬、雨淋都無法嚇阻你成為路邊攤L.B.T.俱樂部的一員。

你自律性高，又肯吃苦耐勞，不畏“水深火熱”之苦，是最適合的路邊攤頭家人選。

B型：搶錢型路邊攤

》》》》》 賺錢第一，搶錢嚇嚇叫。

你的個性可以成為一個稱職的路邊攤老闆，但是一定要有耐心、肯吃苦才能出頭天，一旦你下定決心往前衝，必定能成為積極努力的搶錢一族。當達成初步目標後，切記一定要細心觀照客人的反應及要求，免得三分鐘熱度，而失去基本客源。

C型：努力型路邊攤

》》》》》》只要努力，成功一定是你的。

你在某方面的條件上雖然先天不足，但可憑後天的學習、努力，在路邊攤這行出人頭地。創業初期一定要熬，口味要不斷的調整、創新，以符合客人的需求，熬的愈久，賺的愈多。吃苦耐勞、不畏寒暑，成功一定是你的。

D型：調整型路邊攤

》》》》》》師父領進門，修行看個人。

首先，先問問你自己，是否能將不正確的心態調整過來，再決定你要不要成為一個路邊攤。本測驗第1題測耐心、第2題測細心、第3題測用心、第4題測吃苦耐勞、第5題測自省力、第6題測積極度、第7題測信心與溝通能力。如果你現在大部分的答案都接近D，而你願意將未來的方向往A答案調整的話，那麼恭喜你，你還是可以成為一個賺錢的路邊攤頭家的。

你是屬於哪一型呢？希望經過測驗後能幫助你更了解自己！知己知彼、百戰百勝。

設攤地點該如何選擇？

你已做好準備要成為路邊攤頭家，但卻苦無一個設攤地點嗎？現在我們就要告訴你，如何踏出成功的第一步！

設攤地點的選擇，有下列幾項要點，只要把握其中一、二，必能出師告捷！

1. 租金多寡：不要以為租金便宜的店面或攤位，一定就能省下月租本錢。要知道消費人口的多寡，才是決定生意成敗的關鍵。因此，租金貴的地點，只要是旺市，投資報酬率還是相當划算的。

2. 時段客層：依照你營業的項目選擇設攤地點。如：賣炸雞排可選擇學校、夜市等人口族群；紅豆餅等攜帶方便的小吃可選擇學校、捷運、公車站附近；蚵仔麵線這類湯湯水水的小吃，則可鎖定菜市場、夜市、百貨公司、公司行號等族群。

3. 交通便捷：選擇交通便利，好停車的地點。如：盡量選擇無分隔島的馬路騎樓下；公車、捷運站、火車站旁等人潮聚集的地方設點。這些地點人來人往，較適合販賣可攜帶式的小吃。

4. 社區地緣：若自己的人脈或社區住家附近已有固定的基本消費客源，可考慮在自家附近開業。如此一來可避免同業的競爭對手分散生意，亦可輕易的掌握熟客的需求與口味。

5. 炒熱市集：若設攤地點非熱門地點，而當地已有一、兩攤生意不錯的其他類別小吃，亦可搭便車，比鄰而設攤，不但可沾光坐享現有人潮，並且可將市集炒熱。

6. 未來發展：選擇將來可能拓寬或增設公共設施的地點設攤。未來地緣的改變，帶來商機無限，遠比現有的條件好很多，要將遠光放遠，不貪一時得失，鈔票就在不遠處等著你。

Information

小吃補習班資料

中華美食傳授中心

負責人：莊寶華老師
TEL：（02）25591623
地址：103台北市長安西路76號3樓

台灣小吃傳授

負責人：邱寶珠老師
TEL：（02）22057161
地址：242台北縣新莊市泰豐街8號
網址：www.jiki.com.tw/paodao/main.htm

名師職業小吃培訓中心

負責人：范老師
TEL：（02）25997283
地址：103台北市重慶北路3段205巷14號2樓（捷運圓山站下）

協大小吃創業輔導

負責人：顏老師
TEL：（02）89681637
地址：220台北縣板橋市文化路一段36號2樓

傳統正宗小吃傳授

負責人：陳浩弘老師
TEL：（02）29775750
地址：241台北縣三重市大同南路19巷6號2樓

大中華小吃傳授

負責人：何宗錦老師
TEL：（02）29061116
地址：242台北縣新莊市建國一路10號
網址：home.pchome.com.tw/life.romdyho/foods.htm

周老闆創業小吃

負責人：周老師
TEL：（02）25578141
地址：103台北市甘州街50號

中華創業小吃

TEL：（07）2851724
地址：800高雄市七賢二路35號3樓之1
網址：104.hinet.net/07/2851724.html

行政院勞工委員會職業訓練局中區職業訓練中心

TEL：（04）23592181
地址：407台中市工業區一路100號
網址：www.cvtc.gov.tw
招生項目：食品烘培班
招生人數：30名
報名資格：1.國中畢業以上，身心健康。
2.男女兼收
受訓時間：4個月

財團法人中華文化社會福利事業基金會附設職業訓練中心

TEL：（02）27697260-6
地址：110台北市基隆路一段35巷7弄1之4號
網址：www.cvtc.org.tw
招生項目：中、西餐廚師
招生人數：各24名
報名資格：1.國中以上，男女兼收
2.年滿15～40歲
受訓時間：各900小時

Information

評鑑最讚小吃補習班

寶島美食傳授中心

主編推薦 ★★★★★

採訪小組推薦 ★★★★★

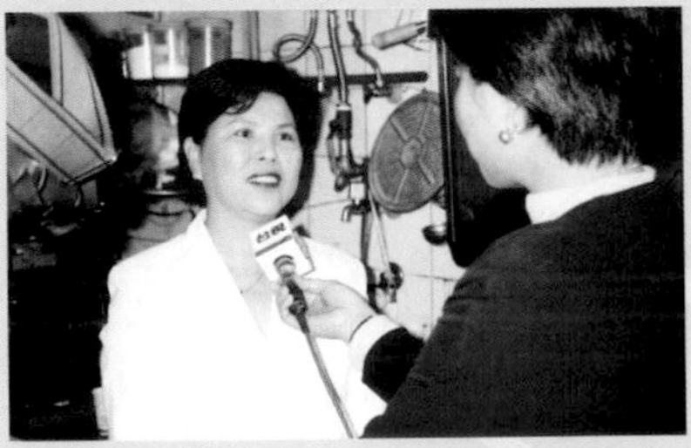

當路邊攤如雨後春筍般四處林立，小吃補習班的身價也跟著水漲船高，於是坊間出現了傳授傳統美食的小吃補習班。這些補習班中有20年的資深老鳥，當然也有因應失業潮而取巧來分食大餅的投機者。在這麼多良莠不齊的小吃補習班業者中，今年堂堂邁入第10個年頭的『寶島美食傳授中心』，便是我們在採訪過程中所發現的『最讚補習班』。到底有多讚？有多優呢？請看我們以下的報導～

『寶島美食傳授中心』現有2位專業老師授課，首席指導老師邱寶珠與專教麵食類的張次郎老師是夫妻檔，兩人各有所長、各司其職。不論是在專業知識或製作技巧上皆爐火純青，在很多同類補習班不夠講究的口味及配色擺飾上，他們都力求賣相完美、色香味俱全。讓剛入行的菜鳥除了學習食材製作之外，還能兼顧開業後可能碰到的問題，著實造福不少轉業及失業的朋友。

兩位老師從開業授課至今，學生遍及全省、中國大陸與海外，不論是哪個街頭巷尾，或是各大夜市，邱老師與張老師所教出的學生，產品口味可謂「打遍天下無敵手」。只要是『寶島美食傳授中心』出品的小吃，一定將在地賣同樣種類小吃的攤子，打的一敗塗地，收攤回去吃自己。『寶島美食傳授中心』教授的小吃到底有多美味？你一定要親自嚐了之後，才能體會箇中奇巧，保證絕對讓你回味無窮。

邱老師和張老師所傳授的美食項目琳瑯滿目，舉凡蚵仔麵線、蔥油餅、水煎包、牛肉麵、粥、麵、飯、羹、湯、滷、炒、煎、煮、炸、烤、小炒、素食、日本料理、麻辣火鍋…應有盡有，項目約200餘項之多。尤其特別值得介紹的蔥抓餅更是口味獨特，堪稱全省首屈一指。有興趣學習一技之長的朋友，歡迎去電詢問！簡章可免費索取。

※ 凡剪下本書的折價券至『寶島美食傳授中心』學習各式小吃，可享9折優惠。

寶島美食傳授中心

預約專線：(02)22057161~-3
授課地址：台北縣新莊市泰豐路8號
查詢網址：www.jiki.com.tw/paodao
上課時間：早上 9-12
下午 2-5
晚上 6-9

Information

評鑑優質小吃補習班

中華小吃傳授中心

主編推薦 ★★★★★

採訪小組推薦 ★★★★

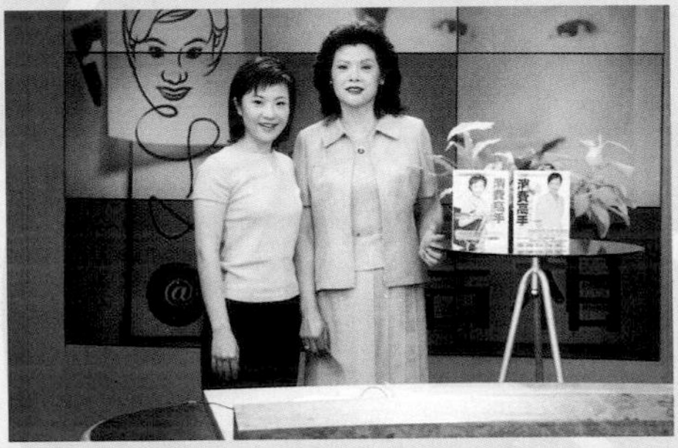

一年創造出新台幣720億小吃業經濟奇蹟的小吃界天后到底是誰？相信你一定很好奇吧！『莊寶華』這個名字，或許你不是耳熟能詳，但一定略有耳聞、似曾相識。沒錯，她就是桃李滿天下，開創小吃業知識經濟蓬勃的開山鼻祖（現有許多小吃補習班業者，都是莊老師的學生）。

全省教授小吃美食的補習班，不管是立案或沒立案的，屈指一數也有幾十家。在我們採訪過程中，學生始終絡繹不絕，人氣最旺的就屬『中華小吃傳授中心』。創立逾18年的『中華小吃傳授中心』教授項目多達300餘種，是目前小吃補習班中教授項目最多的，舉凡麵、羹、湯、粥、飯、滷、炒、煎、煮、炸、烤、簡餐、早點、素食、蚵仔麵線、牛肉麵、魯肉飯、壽司、小籠包、蔥油餅、羊肉爐…等各類小吃不勝枚舉。

據莊老師表示：大多數小吃的利潤都有5成以上，湯湯水水的小吃利潤更高達7成。一個小吃攤的攤車和生財工具成本約2、3萬左右，如果營業地點人潮多，生意必佳，一個月約可淨賺10萬元左右。莊老師的學生中甚至不乏些小吃金雞母，每月收入高達20、30萬元呢！

『中華小吃傳授中心』採一對一教學，單教一項學費2000元，5項7000元，10項10000元，學的項目越多越划算，但切記一定要有一項是專精的主攻項目，在開業時才能建立口碑。

想自己創業當頭家的朋友，歡迎去電詢問相關事宜！簡章免費備索。

※ 凡剪下本書的折價券至『中華小吃傳授中心』學習各式小吃，可享9折優惠。

中華小吃傳授中心

預約專線：(02)25591623

授課地址：103台北市長安西路76號3樓

上課時間：上午9：30～下午9：30

Information

做一個專業的路邊攤

行政院衛生署『食品良好衛生規範』條例，於89年9月7日實施公佈後，成效卓然。經政府公告，即日起將配合全國各級衛生機關落實執行。因此，從事以下餐飲相關業者，必須擁有『中餐烹調丙級技術士』合格證照。

一. 觀光旅館之餐廳（現已持照比例80％）
二. 承攬學校餐飲之餐飲業（現已持照比例70％）
三. 供應學校餐盒之餐盒業（現已持照比例70％）
四. 承攬筵席之餐廳（現已持照比例70％）
五. 外燴飲食業（現已持照比例70％）
六. 中央廚房式之餐飲業（現已持照比例60％）
七. 伙食包作業（現已持照比例60％）
八. 自助餐飲業（現已持照比例50％）

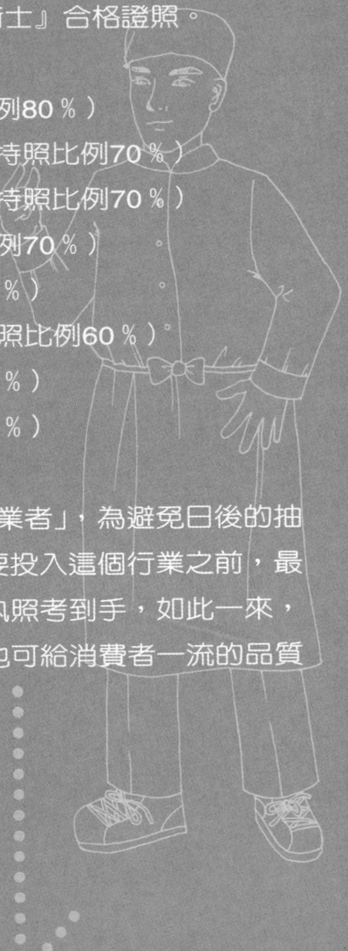

路邊攤大致歸類於「外燴飲食業者」，為避免日後的抽查及取締、罰款問題，建議大家要投入這個行業之前，最好先將『中餐烹調丙級技術士』執照考到手，如此一來，不但可給自己一個專業的認證，也可給消費者一流的品質保證。

『中餐烹調丙級技術士』執照考照事宜

全省各地詢問單位一覽表

行政院勞工委員會職業訓練局

地址：100台北市中正區忠孝西路一段6號11～14樓

電話：（02）23831699

網址：www.evta.gov.tw

行政院勞工委員會職業訓練局

＊＊泰山職業訓練中心＊＊

地址：243台北縣泰山鄉貴子村致遠新村55之1號

電話：（02）29018274～6

網址：www.tsvtc.gov.tw

行政院勞工委員會職業訓練局

＊＊北區職業訓練中心＊＊

地址：220基隆市和平島平一路45號

電話：（02）24622135

網址：www.nvc.gov.tw

行政院勞工委員會職業訓練局

＊＊中區職業訓練中心＊＊

地址：407台中市工業區一路100號

電話：（04）23592181

網址：www.cvtc.gov.tw

行政院勞工委員會職業訓練局

＊＊南區職業訓練中心＊＊

地址：806高雄市前鎮區凱旋四路105號

電話：（07）8210171～8

網址：www.svtc.gov.tw

行政院勞工委員會職業訓練局

＊＊桃園職業訓練中心＊＊

地址：326桃園縣楊梅鎮秀才路851號

電話：（03）4855368轉301、302

網址：www.tyvtc.gov.tw

行政院勞工委員會職業訓練局

＊＊台南職業訓練中心＊＊

地址：720台南縣官田鄉官田工業區工業路40號

電話：（06）6985945～50轉217、218

網址：www.tpgst.gov.tw

行政院青年輔導委員會

＊＊青年職業訓練中心＊＊

地址：326桃園縣楊梅鎮（幼獅工業區）幼獅路二段3號

電話：（03）4641684

網址：www.yvtc.gov.tw

行政院國軍退除役官兵輔導委員會

＊＊職業訓練中心＊＊

地址：330桃園市成功路三段78號

電話：（03）3359381

網址：www.vtc.gov.tw

台北市政府勞工局

＊＊職業訓練中心＊＊

地址：111台北市士林區士東路301號

電話：（02）28721940～8

網址：www.tvtc.gov.tw

高雄市政府勞工局

＊＊訓練就業中心＊＊

地址：812高雄市小港區大業南路58號

電話：（07）8714256～7轉122、132

網址：labor.kcg.gov.tw/lacc

財團法人中華文化社會福利事業基金會

＊＊附設職業訓練中心＊＊

地址：110台北市基隆路一段35巷7弄1～4號

電話：（02）27697260～6

網址：www.cvtc.org.tw

財團法人東區職業訓練中心

地址：950台東市中興路四段351巷 655號

電話：（089）380232～3

網址：www.vtce.org.tw

『中餐烹調丙級技術士』
應檢人員標準服裝

★帽子需將頭髮及髮根完全包住，不可露出。

★領可為小立領、國民領、襯衫領亦可無領。

★袖可長袖亦可短袖。

★著長褲。

★圍裙裙長及膝。

★上衣及圍裙均為白色。

Information

小吃攤車生財工具哪裡買？

北部地區

★元揚企業有限公司
（元揚冷凍餐飲機械公司）
地址：台北市環河南路一段19-1號
電話：（02）23111877

★鴻昌冷凍行
地址：台北市環河南路一段72號
電話：（02）23753126．23821319

★易隆白鐵號
地址：台北市環河南路一段68號
電話：（02）23899712．23895160

★明昇餐具冰果器材行
地址：台北市環河南路一段66號
電話：（02）23825281

★嘉政冷凍櫥櫃有限公司
地址：台北市環河南路一段183號
電話：（02）23145776

★千甲實業有限公司
地址：台北市環河南路1段56號
電話：（02）23810427．23891907

★元全行
地址：台北市環河南路一段46號
電話：（02）23899609

★明祥冷熱餐飲設備
地址：台北市環河南路一段33．35號1樓
電話：（02）23885686．23885689

★全鴻不銹鋼廚房餐具設備
地址：台北市康定路1號
電話：（02）23117656．23881003

★憲昌白鐵號
地址：台北市康定路6號
電話：（02）23715036

★文泰餐具有限公司
地址：台北市環河南路一段59號
電話：（02）23705418．25562475
25562452

★全財餐具量販中心
地址：台北市環河南路一段65號
電話：（02）23755530．23318243

★惠揚冷凍設備有限公司
巨揚冷凍設備有限公司

地址：台北市環河南路一段17-2號~19號

電話：（02）23615313．23815737

★金鴻（金沅）專業冷凍

地址：台北市開封街2段83號

電話：（02）23147077

★進發行

地址：台北市環河南路一段15號

電話：（02）23144822．23094254

★千石不銹鋼廚房設備有限公司

地址：台北市環河南路一段13號

電話：（02）23717011．23896969

★興利白鐵號

地址：台北市環河南路一段18、20、33號

電話：（02）23122338

★福光五金行

地址：台北市環河南路一段14號

電話：（02）23144486．23145623

★勝發水果餐具行

地址：台北市環河南路1段40號

電話：（02）23122455

★歐化廚具餐廚設備

地址：台北市漢口街二段116號

電話：（02）23618665

★大銓冷凍空調有限公司

地址：台北市漢口街二段127號

電話：（02）23752999

★永揚五金行
（永揚冰果餐具有限公司）

地址：台北市環河南路一段23-6號

電話：（02）23822036．23615836
23822128．23812792

★利聯冷凍

地址：台北市環河南路一段39號

電話：（02）23889966．23889977
23889988．23899933

★正大食品機械烘培器具

地址：台北市康定路3號

電話：（02）23110991．23700758

★立元冰果餐具器材行

地址：台北市環河路一段23-4號

電話：（02）23311466．23316432

※中、南、東部地區的朋友亦可向北部地區的廠商購買設備（貨運寄送，運費可洽談，但大多為買主自付）。

★國豐食品機械
地址：台北市環河路一段160號
電話：（02）23616816．23892269

★千用牌大小廚房設備
地址：台北市環河路一段146號
電話：（02）23884466-7．23613839

★久興行玻璃餐具冰果器材
地址：台北市環河路一段82-84號
電話：（02）23140183．23610654

中部地區

★元揚企業有限公司
（元揚冷凍餐飲機械公司）
地址：台中市北屯區濬陽路一段5號
電話：（04）22990272

★利聯冷凍
地址：台中縣太平市新平路一段257號
電話：（04）22768400

★國喬股份有限公司
地址：台中縣太平市新平路一段257號
電話：（04）22768400

★正大食品機械烘培器具
地址：嘉義縣民雄鄉建國路一段268號
電話：（05）2262510

南部地區

★元揚企業有限公司
（元揚冷凍餐飲機械公司）
地址：高雄市小港區達德街61號
電話：（07）8225500

★正大食品機械烘培器具
地址：台南永康市中華路698號
電話：（06）2039696

★正大食品機械烘培器具
地址：高雄市五福二路156號
電話：（07）2619852

東部地區

★元揚企業有限公司
（元揚冷凍餐飲機械公司）
地址：宜蘭縣渭水路15-29號
電話：（039）334333

2手攤車生財工具哪裡買？

★中大舊貨行
地址：台北市重慶南路三段143號
電話：（02）23659922・23659933

★大安舊貨行
地址：台北市重慶南路三段145號
電話：（02）23686424・23685237

★一乙商行
地址：台北市重慶南路三段141號
電話：（02）23682421

★忠泰舊貨行
地址：台北市重慶南路三段127號
電話：（02）23656666・23651007

★力旺舊貨行
地址：台北市重慶南路三段140號
電話：（02）23324055

★一金商行
地址：台北市廈門街114巷8號
電話：（02）23679022

★大進舊貨行
地址：台北市汀洲路二段69號
電話：（02）23696633

★水源舊貨行
地址：台北市水源路159號
電話：（02）23095943

★川芳公司
地址：台北市松江路22號8樓之1
電話：（02）23379015・23019799

★壹全行
地址：台北市汀洲路二段16號
電話：（02）23653436

★仙豐行
地址：台北市重慶南路三段92號之1號
電話：（02）23033851（日）
22624980（夜）

★慶億商號
地址：台北市重慶南路三段13號2樓
電話：（02）23390813

★益元餐廳企業行
地址：台北市汀洲路二段57號
電話：（02）23053945

※中、南、東部地區的朋友亦可向北部地區的廠商購買設備（貨運寄送，運費可洽談，但大多為買主自付）。

小吃製作原料批發商

北部地區

★建同行
（買材料免費小吃教學）
地址：台北市歸綏街30號
電話：（02）25536578

★ 金其昌
地址：台北市迪化街132號
電話：（02）25574959

★金豐春
地址：台北市迪化街145號
電話：（02）25538116

★惠良行
地址：台北市迪化街205號
電話：（02）25577755

★ 陳興美行
地址：台北市迪化街一段21號
（永樂市場1009）
電話：（02）25594397

★明昌食品行
地址：台北市迪化街一段21號
（永樂市場1027）
電話：（02）25582030

★協聯春商行
地址：台北市迪化街一段224巷
22號1樓
電話：（02）25575066

★建利行
地址：台北市迪化街一段158號
電話：（02）25573826

★匯通行
地址：台北市迪化街一段175號
電話：（02）25574820

★泉通行
地址：台北市迪化街一段141號
電話：（02）25539498

★泉益有限公司
地址：台北市迪化街一段147號
電話：（02）25575329

★象發有限公司
地址：台北市迪化街一段101號
電話：（02）25583315

★郭惠燦
地址：台北市迪化街一段145號
電話：（02）25579969

★華信化學有限公司
地址：台北市迪化街一段164號
電話：（02）25573312

★旺達食品公司
地址：台北縣板橋市信義路165號1樓
電話：（02）29627347

南部地區

★三茂企業行
地址：高雄市三鳳中街28號
電話：（07）2886669

★立順農產行
地址：高雄市三鳳中街55號
電話：（07）2864739

★元通行
地址：高雄市三鳳中街46號
電話：（07）2873704

★順發食品原料行
地址：高雄市三鳳中街51號
電話：（07）2867559

★新振豐豆行
地址：高雄市三鳳中街112號
電話：（07）2870621

★雅群農產行
地址：高雄市三鳳中街48號
電話：（07）2850860

★大成蔥蒜行
地址：高雄市三鳳中街107號
電話：（07）2858845

★大鳳行
地址：高雄市三鳳中街86號
電話：（07）2858808

★德順香菇行
地址：高雄市三鳳中街80號
電話：（07）2860742

★順茂農產行
地址：高雄市三鳳中街113號
電話：（07）2862040

★立成農產行
地址：高雄市三鳳中街53號
電話：（07）2864732

★瓊惠商行
地址：高雄市三鳳中街41號
電話：（07）2866651

★天華行
地址：高雄市三鳳中街26號
電話：（07）2870273

小吃免洗餐具週邊材料批發商

台北地區

★昇威免洗包裝材料有限公司（大盤）

地址：台北縣新莊市新莊路526、528號

電話：（02）22015159．22032595
22037035

★匯森行免洗餐具公司（大盤）

地址：汀州路1段380號．詔安街40-1號．建國路96號

電話：（02）23057217．23377395
86654505．22127392

★ 東區包裝材料

地址：台北市通化街163號

電話：（02）23781234．27375767

★ 釜大餐具企業社

地址：台北市漢中街8號3樓-1

電話：（02）23319520

★沙萱企業有限公司

地址：台北縣板橋市大觀路一段38巷156弄47-2號

電話：（02）29666289

★元心有限公司

地址：台北縣蘆洲市永樂街61號

電話：（02）22896259

★新一免洗餐具行

地址：台北縣新店市北新路一段97號

電話：（02）29126633．29129933

★仲泰免洗餐具行（大盤）

地址：台北市北投區洲美街215巷8號

電話：（02）28330639．28330572

★西鹿實業有限公司

地址：台北市興隆路一段163號

電話：（02）29326601．23012545
22405309

★奎達實業有限公司

地址：台北市長安東路二段142號7樓之2

電話：（02）27752211

★興成有限公司

地址：台北市寶清街122-1號

電話：（02）27601026

★松德包裝材料行
地址：台北市渭水路22號
電話：（02）27814789

苗栗地區

★匯森行免洗餐具公司（大盤）
地址：苗栗縣竹南鎮和平街46號
電話：（037）4633365

台中地區

★嘉雲免洗材料行（大盤）
地址：台中縣大里市愛心路95號
電話：（04）24069987

彰化地區

★旌美股份有限公司（中盤）
地址：彰化縣秀水鄉莊雅村寶溪巷30號
電話：（04）7696597

★上好免洗餐具
地址：彰化市中央路44巷15號
電話：（04）7636868

台南地區

★利成免洗餐具行（大盤）
地址：台南市本田街三段341-6號
電話：（06）2475328

★永丸免洗餐具
地址：台南市民權路1段191號
電話：（06）2283316

★如億免洗餐具
地址：台南市大同路2段510號
電話：（06）2694698．2904838
2140154．2140155

高雄地區

★竹豪興業
地址：高雄縣鳳山市輜汽北二路21號
電話：（07）7132466

宜蘭地區

★家潔免洗餐具行（中盤）
地址：宜蘭縣五結鄉中福路61-3號
電話：（039）563819

花蓮地區

★泰美免洗餐具行（中盤）
地址：花蓮縣太昌村明義6街89巷31號
電話：（038）574555

台東地區

★日盛免洗餐具
地址：台東市洛陽街346號
電話：（089）326988

※如需更詳細免洗餐具批發商資料，請查各縣市之「中華電信電話號碼簿」—消費指南百貨類「餐具用品」、工商採購百貨類「即棄用品」。

全省魚肉蔬果批發市場

台北地區

★台北市第一果菜批發市場
地址：台北市萬大路533號
電話：（02）23077130

★台北市第二果菜批發市場
地址：台北市基河路450號
電話：（02）28330922

★台北市環南市場
地址：台北市環河南路2段245號
電話：（02）23051161

★台北市西寧市場
地址：台北市西寧南路4號
電話：（02）23816971

★台北縣三重市果菜批發市場
地址：台北縣三重市中正北路111號
電話：（02）29899200～1

★台北縣家畜肉品市場
地址：台北縣樹林市俊安街43號
電話：（02）26892861．26892868

基隆地區

★基隆市信義市場
地址：基隆市信二路204號
電話：（02）24243235

桃園

★桃園縣果菜市場
地址：桃園縣中正路403號
電話：（03）3326084

★桃農批發市場
地址：桃園縣文中路1段107號
電話：（03）3792605

新竹

★新竹縣果菜市場
地址：新竹縣芎林鄉文山路985號
電話：（03）5924194

★新竹市果農產運銷公司
地址：新竹市經國路一段411號
電話：（03）5336141

苗栗

★苗栗縣大湖地區農會果菜市場
地址：苗栗縣大湖鄉富興村八寮灣2號
電話：（037）991472

台中

★台中市果菜公司
地址：台中市中清路180-40號
電話：（04）24262811．2426811

★台中縣大甲第一市場
地址：台中縣大甲鎮順天路146號
電話：（04）6865855

南投

★南投縣水里市場

地址：南投縣水里鄉民生路5～18號
電話：（049）773839

彰化

★彰化縣鹿港鎮果菜市場

地址：彰化縣鹿港鎮街尾里復興南路28號
電話：（04）7772871

雲林

★雲林縣西螺果菜市場

地址：雲林縣西螺鎮新丰里新社205-100號
電話：（05）5868949

★雲林縣斗南果菜市場

地址：雲林縣中昌街5號
電話：（05）5972327

嘉義

★嘉義市果菜市場

地址：嘉義市博愛路1段111號
電話：（05）2764507

台南

★台南市東門市場

地址：台南市青年路164巷25號4-1號
電話：（06）2284563

★台南市安平市場

地址：台南市安平區效忠街20-7號
電話：（06）2267241

高雄

★高雄縣果菜運銷股份有限公司

地址：高雄市三民區民族一路100號
電話：（07）3823530

★高雄市第一市場

地址：高雄市新興區南華路40-4號
電話：（07）2211434

★高雄縣鳳山果菜市場

地址：高雄縣鳳山五甲一路451號
電話：（07）7653525

屏東

★屏東縣中央市場

地址：屏東縣中央市場第2商場23號
電話：（08）7327239

宜蘭

★宜蘭縣果菜運銷合作社

地址：宜蘭市校舍路116號
電話：（039）384626

花蓮

★花蓮市蔬果運銷合作社

地址：花蓮縣中央路403號
電話：（038）572191

台東

★台東市果菜批發市場

地址：台東市濟南街61巷180號
電話：（089）220023

路邊攤賺大錢 money【搶錢篇】

作者　白宜弘・趙濰
攝影　張振山
發行人　林敬彬
企劃主編　趙濰
執行編輯　方怡清
封面設計　家緣文化事業
美術編輯　家緣文化事業

出版　大都會文化 行政院新聞局北市業字第89號
發行　大都會文化事業有限公司
110台北市基隆路一段432號4樓之9
讀者服務專線　(02) 27235216
讀者服務傳真　(02) 27235220
電子郵件信箱　metro@ms21.hinet.net
郵政劃撥帳號　14050529 大都會文化事業有限公司

出版日期　2001年11月初版第1刷
2001年11月初版第3刷
定價　NT$280 元

ISBN　957-30552-8-7
書號　Money-001

Printed in Taiwan

大都會文化 METROPOLITAN CULTURE

國家圖書館出版品預行編目資料

路邊攤賺大錢. 搶錢篇 / 白宜弘作.
-- -- 初版. -- --
臺北市： 大都會文化發行,
2001〔民90〕
面；　公分. -- （度小月系列：1）
ISBN ：957-30552-8-7 (平裝)
1. 飲食業 2. 創業
483.8　　90015848

請沿虛線剪下，對折裝訂後寄回

北區郵政管理局
登記證北台字第9125號
免貼郵票

大都會文化事業有限公司
讀者服務部收

110 台北市基隆路一段432號4樓之9

寄回這張服務卡（免貼郵票）
您可以：
◎不定期收到最新出版訊息
◎參加各項回饋優惠活動

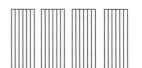

大都會文化 讀者服務卡

書號：Money - 001 路邊攤賺大錢—搶錢篇

謝謝您選擇了這本書，我們真的很珍惜這樣的奇妙緣份。期待您的參與，讓我們有更多聯繫與互動的機會。

姓名：________________性別：□男 □女 生日：____年____月____日

年齡：□20歲以下 □21—30歲 □31—50歲 □51歲以上

職業：□軍公教 □自由業 □服務業 □學生 □家管 □其他

學歷：□國小或以下 □ 國中 □高中／高職 □大學／大專 □研究所以上

通訊地址：____

電話：（H）________________（O）________________ 傳真：________________

E-Mail：____

※您是我們的知音，您將可不定期收到本公司的新書資訊及特惠活動訊息，往後如直接向本公司訂購（含新書）將可享八折優惠。

您在何時購得本書：____年____月____日

您在何處購得本書：____________書店， 位於：__________(市、縣)

您從哪裡得知本書的消息：

□ 書店 □報章雜誌 □電台活動 □網路書店 □書籤宣傳品等

□親友介紹 □書評 □其它 ______________

您通常以哪些方式購書：

□書展 □逛書店 □劃撥郵購 □團體訂購 □網路購書 □其他

您最喜歡本書的：（可複選）

□內容題材 □字體大小 □翻譯文筆 □封面 □編排 □其它

您對此書封面的感覺：

□很喜歡 □喜歡 □普通

您希望我們為您出版哪類書籍：（可複選）

□ 旅遊 □科幻推理 □史哲類 □傳記 □藝術音樂 □財經企管

□電影小說□散文小品 □生活休閒 □語言教材（____語 ） □其他

您的建議：

____

____

____

小吃補習班折價券

寶島美食傳授中心

憑此折價券至寶島美食傳授中心學習小吃

可享學費 **9** 折優惠

電話：(02) 22057161-3

地址：台北縣新莊市泰豐街8號

無限期使用

度小月

小吃補習班折價券

中華小吃傳授中心

憑此折價券至中華小吃傳授中心學習小吃

可享學費 **9** 折優惠

電話：(02) 25591623

地址：台北市長安西路76號3樓

無限期使用

度小月

小吃補習班折價券

名師職業小吃培訓中心

憑此折價券至名師職業小吃培訓中心學習小吃

可享學費 **8** 折優惠〈5個項目以內〉

電話：(02) 25997283

地址：台北市重慶北路3段205巷14號2樓　（捷運圓山站下）

無限期使用

度小月

小吃補習班折價券

使用本折價券前請先電話預約

●本折價券限使用一次，每次限使用一張。

●本折價券不得和其他優惠券合併使用。

●本折價券為非賣品，不得折換現金，亦不可買賣。

●若有任何使用上的問題，歡迎與我們聯絡。

大都會文化

大都會文化讀者專線 **(02)27235216**

小吃補習班折價券

使用本折價券前請先電話預約

●本折價券限使用一次，每次限使用一張。

●本折價券不得和其他優惠券合併使用。

●本折價券為非賣品，不得折換現金，亦不可買賣。

●若有任何使用上的問題，歡迎與我們聯絡。

大都會文化

大都會文化讀者專線 **(02)27235216**

小吃補習班折價券

使用本折價券前請先電話預約

●本折價券限使用一次，每次限使用一張。

●本折價券不得和其他優惠券合併使用。

●本折價券為非賣品，不得折換現金，亦不可買賣。

●若有任何使用上的問題，歡迎與我們聯絡。

大都會文化

大都會文化讀者專線 **(02)27235216**

度小月系列

度小月系列